木材材积
速查速算手册

（含软件）

赵海江 编

中国建筑工业出版社

图书在版编目（CIP）数据

木材材积速查速算手册（含软件）/赵海江编. —北京：中国建筑工业出版社，2012.7
ISBN 978-7-112-14447-1

Ⅰ.①木… Ⅱ.①赵… Ⅲ.①材积表-手册
Ⅳ.①S758.62-62

中国版本图书馆 CIP 数据核字（2012）第 143999 号

木材材积速查速算手册
（含软件）

赵海江　编

＊

中国建筑工业出版社出版、发行（北京西郊百万庄）
各地新华书店、建筑书店经销
霸州市顺浩图文科技发展有限公司制版
北京市密东印刷有限公司印刷

＊

开本：850×1168 毫米　1/64　印张：3½　字数：112 千字
2012 年 9 月第一版　　2013 年 9 月第二次印刷
定价：**20.00 元**（含光盘）
ISBN 978-7-112-14447-1
（22545）

版权所有　翻印必究

本书根据《锯材材积表》GB/T 449—2009、《杉原条材积表》GB/T 4815—2009 等编写，主要内容包括：原木材积、椽材材积、杉原条材积、小原条材积、锯材材积五部分。每一部分包括：检量、计算式、材积速查表格。为便于查找，采用便携方式。附有 EXCEL 计算软件，方便读者的使用。特别在软件中加入立木内容。

本书可供林业、商业贸易、园林、材料、装饰装修人员使用。

＊ ＊ ＊

责任编辑：郭　栋
责任设计：张　虹
责任校对：陈晶晶　刘　钰

目 录

编 制 说 明

　　本手册分原木、椽材、杉原条、小原条、锯材几部分，书中所引用标准为我国木材材积最新或仍沿用的标准，本书旨在为木材生产经营者和用户提供准确计量木材材积的技术资料。

　　引用标准：

《原木检验》GB/T 144—2003

《原木材积表》GB 4814—84

《椽材》LY/T 1158—2008

《杉原条》GB/T 5039—1999

《杉原条材积表》GB/T 4815—2009

《小原条》LY/T 1079—2006

《锯材检验》GB/T 4822—1999

《锯材材积表》GB/T 449—2009 等

　　由于作者水平和时间限制，疏漏之处恳请同行专家及读者不吝指正，为此也将编制本手册所采用的应用程序作为本书附件，程序在本书基础上增加了部分地区立木材积的计算，以填补本手册空白。

原木材积

一、原木检量

原木的检尺长、检尺径按《原木检验》GB/T 144—2003中以下相关规定检量：

1. 检量原木的材长量至厘米止，不足厘米则舍去。

2. 原木的材长，是在大小头两端断面之间相距最短处取直检量，见图1。如检量的材长小于原木标准规定的检尺长，但不超过负公差，仍按标准规定的检尺长计算；如超过负公差，则按下一级检尺长。

3. 伐木楂口锯切断面的短径不小于检尺径的，材长自大头端部量起；小于检尺

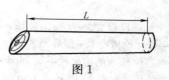

图1

径的，材长应让去小检尺径部分的长度，见图2。大头呈圆兜或尖削的材长应自斧口上缘量起。

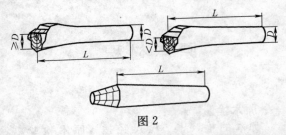

图 2

4. 靠近端头打有水眼的原木（指扎排水眼），检量材长时，应让去水眼内侧至端头的长度，再确定检尺长，见图3。

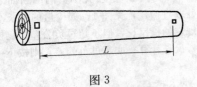

图 3

5. 检量原木直径、长径、短径、径向深度，一律扣除树皮、树腿和肥大部分。

6. 原木的检尺径不足14cm，以1cm为一个增进单位，实际尺寸不足1cm时，足0.5cm增进，不足0.5cm舍去；检尺径自14cm以上（直径13.5cm可进为14cm），以2cm为一个增进单位，实际尺寸不足 2cm 时，足 1cm 增进，不足 1cm 舍去。

7. 检尺径平均：以短径 26cm 为界限的长短径之差为 2cm 平均。

8. 检尺径的检量（包括各种不正形的断面），是通过小头断面中心先量短径，再通过短径中心垂直检量长径，见图 4，图中其长径（D_2）短径（D_1）之差自 2cm 以上，以其长径

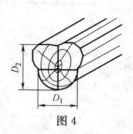

图 4

（D_2）短径（D_1）的平均数经进舍后为检尺径；长径（D_2）短径（D_1）之差小于上述规定者，以短径（D_1）经进舍后为检尺径。

9. 原木小头下锯偏斜，检量检尺径时，应将尺杆保持与材长成垂直的方向检量，见图 5。

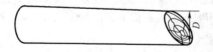

图 5

10. 小头打水眼让去材长的原木，实际材长超过检尺长的原木，其检尺径仍在小头断面检量，见图 6。

3

图 6

11. 小头断面有偏枯、外夹皮的，如检量检尺径须通过偏枯、夹皮处时，可用尺杆横贴原木表面检量，见图7。

图 7

12. 小头断面节子脱落的，检量检尺径时，应恢复原形检量。

13. 双心材、三心材以及中间细两头粗的原木，其检尺径应在原木正常部位（最细处）检量，见图8。

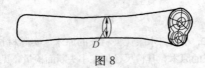

图 8

14. 双丫材的检尺径检量，以较大断面的一个干岔检量检尺径和检尺长；另一个按节子处理，见图9。

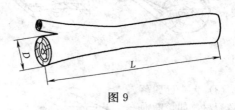

图 9

15. 两根原木干身连在一起的，应分别检量计算。

16. 劈裂材（含撞裂）按下列方法检量。

（1）未脱落的劈裂材：顺材长方向检量劈裂长度，按纵裂计算。检量检尺径，如须通过裂缝，其裂缝与检尺径形成的夹角自45°以上，应减去通过裂缝长二分之一处的裂缝垂直宽度；不足45°应减去裂缝长二分之一处垂直宽度的一半，见图10。

（2）小头已脱落的劈裂材，劈裂的厚度不超过小头同方向原有直径10%的不计；超过10%的，应予让尺。让检尺径：先量短径，再通过短径垂直检量最长径，以其长短径的平均数经进舍后为检尺径，见图11；让检尺长：检尺径在让去部分劈裂长度后的检尺长部位检量。

5

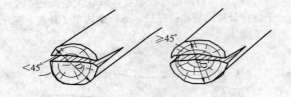

图 10

(3) 大头已脱落的劈裂材，如该断面的长短径平均数（先量短径再通过短径中心垂直检量长径），经进舍后不小于检尺径的不计；小于检尺径的，以大头为检尺径或让去小于检尺径部分的劈裂长度，见图 12。

图 11

图 12

(4) 小头断面自两块以上脱落的劈裂材，劈裂厚度不超过同方向原有直径 10% 的不计；超过

10%的，按16（2）规定让尺处理。

（5）大、小头同时存在劈裂的，应分别按上述（1）～（4）的各项规定处理。

（6）劈裂材让尺时，让检尺径或检尺长，应以损耗材积较小的因子为准。

17. 集材、运材（含水运）中，端头或材身磨损的，按下列方法检量：

（1）原木小头磨损，不超过同方向原有直径10%的不计；超过10%的让尺处理，让尺方法按劈裂材16（2）规定处理。

（2）原木大头磨损，按劈裂材16（3）规定处理。

（3）原木材身磨损的，按外伤处理。

二、原木材积计算

1. 检尺径自 4～12cm 的小径原木材积计算公式：

$$V=0.7854L(D+0.45L+0.2)^2 \div 10000$$

2. 检尺径自 14cm 上的原木材积计算公式：

$$V=0.7854L[D+0.5L+0.005L^2+0.000125L(14-L)^2 \times (D-10)]^2 \div 10000$$

上两式中　　V——材积，m^3；

L——检尺长，m；

D——检尺径，cm。

三、原木材积表

检尺径 4～7cm 的原木材积数保留四位小数，检尺径自 8cm 以上的原木材积数字，保留三位小数。

根据《原木检验》GB/T 144—2003 中 4.8：原木检尺径进级不足 14cm，以 1cm 为一个增进单位；检尺径自 14cm 以上以 2cm 为一个增进单位。因此，本手册在《原木材积表》GB 4814—84 基础上增加了检尺径 5cm、7cm、9cm、11cm、13cm 五个规格的材积数供参考。

四、圆材材积表

根据《原木材积表》GB 1814—84 附录 A "圆木材积公式"，检尺长超出原木材积表列范围而又不符合原条标准的特殊用途圆材的材积计算公式为：

$$V = 0.8L(D+0.5L)^2 \div 10000$$

式中　V——材积，m^3；

　　　L——检尺长，m；

　　　D——检尺径，cm。

检尺径进级：按 2cm 进级，检尺长的进级范围及长级公差允许范围由供需双方商定，表 2 圆材材积表是对超出表 1 范围的补充，仅作参考。

缺陷限定及分级标准由供需双方商定。

原木材积表　　　表1

检尺径(cm)	检尺长(m)											
	2.0	2.2	2.4	2.6	2.8	3.0	3.2	3.4	3.6	3.8	4.0	4.2
	材积(m³)											
4	0.0041	0.0047	0.0053	0.0059	0.0066	0.0073	0.0080	0.0088	0.0096	0.0104	0.0113	0.0122
5	0.0058	0.0066	0.0074	0.0083	0.0092	0.0101	0.0111	0.0121	0.0132	0.0143	0.0154	0.0166
6	0.0079	0.0089	0.0100	0.0111	0.0122	0.0134	0.0147	0.0160	0.0173	0.0187	0.0201	0.0216
7	0.0103	0.0116	0.0129	0.0143	0.0157	0.0172	0.0188	0.0204	0.0220	0.0237	0.0254	0.0273
8	0.013	0.015	0.016	0.018	0.020	0.021	0.023	0.025	0.027	0.029	0.031	0.034
9	0.016	0.018	0.020	0.022	0.024	0.026	0.028	0.031	0.033	0.036	0.038	0.041
10	0.019	0.022	0.024	0.026	0.029	0.031	0.034	0.037	0.040	0.042	0.045	0.048
11	0.023	0.026	0.028	0.031	0.034	0.037	0.040	0.043	0.046	0.050	0.053	0.057
12	0.027	0.030	0.033	0.037	0.040	0.043	0.047	0.050	0.054	0.058	0.062	0.065
13	0.031	0.035	0.038	0.042	0.046	0.050	0.054	0.058	0.062	0.066	0.071	0.075
14	0.036	0.040	0.045	0.049	0.054	0.058	0.063	0.068	0.073	0.078	0.083	0.089
16	0.047	0.052	0.058	0.063	0.069	0.075	0.081	0.087	0.093	0.100	0.106	0.113

检尺径 (cm)	检尺长（m） 材积（m³）											
	2.0	2.2	2.4	2.6	2.8	3.0	3.2	3.4	3.6	3.8	4.0	4.2
18	0.059	0.065	0.072	0.079	0.086	0.093	0.101	0.108	0.116	0.124	0.132	0.140
20	0.072	0.080	0.088	0.097	0.105	0.114	0.123	0.132	0.141	0.151	0.160	0.170
22	0.086	0.096	0.106	0.116	0.126	0.137	0.147	0.158	0.169	0.180	0.191	0.203
24	0.102	0.114	0.125	0.137	0.149	0.161	0.174	0.186	0.199	0.212	0.225	0.239
26	0.120	0.133	0.146	0.160	0.174	0.188	0.203	0.217	0.232	0.247	0.262	0.277
28	0.138	0.154	0.169	0.185	0.201	0.217	0.234	0.250	0.267	0.284	0.302	0.319
30	0.158	0.176	0.193	0.211	0.230	0.248	0.267	0.286	0.305	0.324	0.344	0.364
32	0.180	0.199	0.219	0.240	0.260	0.281	0.302	0.324	0.345	0.367	0.389	0.411
34	0.202	0.224	0.247	0.270	0.293	0.316	0.340	0.364	0.388	0.412	0.437	0.461
36	0.226	0.251	0.276	0.302	0.327	0.353	0.380	0.406	0.433	0.460	0.487	0.515
38	0.252	0.279	0.307	0.335	0.364	0.393	0.422	0.451	0.481	0.510	0.541	0.571
40	0.278	0.309	0.340	0.371	0.402	0.434	0.466	0.498	0.531	0.564	0.597	0.630

检尺径 (cm)	检尺长 (m)											
	材积 (m³)											
	2.0	2.2	2.4	2.6	2.8	3.0	3.2	3.4	3.6	3.8	4.0	4.2
42	0.306	0.340	0.374	0.408	0.442	0.477	0.512	0.548	0.583	0.619	0.656	0.692
44	0.336	0.372	0.409	0.447	0.484	0.522	0.561	0.599	0.638	0.678	0.717	0.757
46	0.367	0.406	0.447	0.487	0.528	0.570	0.612	0.654	0.696	0.739	0.782	0.825
48	0.399	0.442	0.486	0.530	0.574	0.619	0.665	0.710	0.756	0.802	0.849	0.896
50	0.432	0.479	0.526	0.574	0.622	0.671	0.720	0.769	0.819	0.869	0.919	0.969
52	0.467	0.518	0.569	0.620	0.672	0.724	0.777	0.830	0.884	0.938	0.992	1.046
54	0.503	0.558	0.613	0.668	0.724	0.780	0.837	0.894	0.951	1.009	1.067	1.125
56	0.541	0.599	0.658	0.718	0.777	0.838	0.899	0.960	1.021	1.083	1.145	1.208
58	0.580	0.642	0.705	0.769	0.833	0.898	0.963	1.028	1.094	1.160	1.226	1.293
60	0.620	0.687	0.754	0.822	0.890	0.959	1.023	1.099	1.169	1.239	1.310	1.381
62	0.661	0.733	0.804	0.877	0.950	1.023	1.097	1.172	1.246	1.321	1.397	1.472
64	0.704	0.780	0.857	0.934	1.011	1.089	1.168	1.247	1.326	1.406	1.486	1.566

检尺径 (cm)	检尺长 (m)											
	2.0	2.2	2.4	2.6	2.8	3.0	3.2	3.4	3.6	3.8	4.0	4.2
	材积 (m³)											
66	0.749	0.829	0.910	0.992	1.074	1.157	1.241	1.325	1.409	1.493	1.578	1.663
68	0.794	0.880	0.966	1.052	1.140	1.227	1.316	1.405	1.494	1.583	1.673	1.763
70	0.841	0.931	1.022	1.114	1.207	1.300	1.393	1.487	1.581	1.676	1.771	1.866
72	0.890	0.985	1.081	1.178	1.276	1.374	1.473	1.572	1.671	1.771	1.871	1.972
74	0.939	1.040	1.141	1.244	1.347	1.450	1.554	1.659	1.764	1.869	1.975	2.080
76	0.990	1.096	1.203	1.311	1.419	1.528	1.638	1.748	1.859	1.969	2.081	2.192
78	1.043	1.154	1.267	1.380	1.494	1.609	1.724	1.840	1.956	2.073	2.189	2.306
80	1.096	1.214	1.332	1.451	1.571	1.691	1.812	1.934	2.056	2.178	2.301	2.424
82	1.151	1.274	1.399	1.523	1.649	1.776	1.903	2.030	2.158	2.287	2.415	2.544
84	1.208	1.337	1.467	1.598	1.730	1.862	1.995	2.129	2.263	2.398	2.532	2.667
86	1.265	1.401	1.537	1.674	1.812	1.951	2.090	2.230	2.371	2.511	2.652	2.793
88	1.325	1.466	1.609	1.752	1.896	2.042	2.187	2.334	2.480	2.627	2.775	2.922

检尺径 (cm)	检尺长 (m)											
	2.0	2.2	2.4	2.6	2.8	3.0	3.2	3.4	3.6	3.8	4.0	4.2
	材积 (m³)											
90	1.385	1.533	1.682	1.832	1.983	2.134	2.287	2.439	2.593	2.746	2.900	3.054
92	1.447	1.601	1.757	1.913	2.071	2.229	2.388	2.548	2.707	2.868	3.028	3.189
94	1.510	1.671	1.833	1.997	2.161	2.326	2.492	2.658	2.825	2.992	3.159	3.327
96	1.574	1.742	1.911	2.082	2.253	2.425	2.598	2.771	2.945	3.119	3.293	3.467
98	1.640	1.815	1.991	2.169	2.347	2.526	2.706	2.886	3.067	3.248	3.429	3.611
100	1.707	1.889	2.073	2.257	2.443	2.629	2.816	3.004	3.192	3.380	3.569	3.757
102	1.776	1.965	2.156	2.348	2.540	2.734	2.928	3.123	3.319	3.515	3.711	3.907
104	1.846	2.042	2.240	2.440	2.640	2.841	3.043	3.246	3.449	3.652	3.855	4.059
106	1.917	2.121	2.327	2.534	2.742	2.950	3.160	3.370	3.581	3.792	4.003	4.214
108	1.990	2.202	2.415	2.629	2.845	3.062	3.279	3.497	3.716	3.934	4.153	4.372
110	2.064	2.283	2.504	2.727	2.950	3.175	3.400	3.626	3.853	4.080	4.306	4.533
112	2.139	2.367	2.596	2.826	3.058	3.290	3.524	3.758	3.992	4.227	4.462	4.697

检尺径 (cm)	检尺长(m)											
	2.0	2.2	2.4	2.6	2.8	3.0	3.2	3.4	3.6	3.8	4.0	4.2
	材积(m³)											
114	2.216	2.451	2.688	2.927	3.167	3.408	3.650	3.892	4.135	4.378	4.621	4.864
116	2.294	2.537	2.783	3.030	3.278	3.527	3.777	4.028	4.279	4.531	4.782	5.034
118	2.373	2.625	2.879	3.135	3.391	3.649	3.908	4.167	4.426	4.686	4.947	5.207
120	2.454	2.714	2.977	3.241	3.506	3.773	4.040	4.308	4.576	4.845	5.113	5.382

检尺径 (cm)	检尺长(m)											
	4.4	4.6	4.8	5.0	5.2	5.4	5.6	5.8	6.0	6.2	6.4	6.6
	材积(m³)											
4	0.0132	0.0142	0.0152	0.0163	0.0175	0.0186	0.0199	0.0211	0.0224	0.0238	0.0252	0.0266
5	0.0178	0.0191	0.0204	0.0218	0.0232	0.0247	0.0262	0.0278	0.0294	0.0311	0.0328	0.0346
6	0.0231	0.0247	0.0263	0.0280	0.0298	0.0316	0.0334	0.0354	0.0373	0.0394	0.0414	0.0436
7	0.0291	0.0310	0.0330	0.0351	0.0372	0.0393	0.0416	0.0438	0.0462	0.0486	0.0511	0.0536
8	0.036	0.038	0.040	0.043	0.045	0.048	0.051	0.053	0.056	0.059	0.062	0.065

检尺径 (cm)	检尺长 (m) 材积 (m³)											
	4.4	4.6	4.8	5.0	5.2	5.4	5.6	5.8	6.0	6.2	6.4	6.6
9	0.043	0.046	0.049	0.051	0.054	0.057	0.060	0.064	0.067	0.070	0.073	0.077
10	0.051	0.054	0.058	0.061	0.064	0.068	0.071	0.075	0.078	0.082	0.086	0.090
11	0.060	0.064	0.067	0.071	0.075	0.079	0.083	0.087	0.091	0.095	0.100	0.104
12	0.069	0.074	0.078	0.082	0.086	0.091	0.095	0.100	0.105	0.109	0.114	0.119
13	0.080	0.084	0.089	0.094	0.099	0.104	0.109	0.114	0.119	0.125	0.130	0.136
14	0.094	0.100	0.105	0.111	0.117	0.123	0.129	0.136	0.142	0.149	0.156	0.162
16	0.120	0.126	0.134	0.141	0.148	0.155	0.163	0.171	0.179	0.187	0.195	0.203
18	0.148	0.156	0.165	0.174	0.182	0.191	0.201	0.210	0.219	0.229	0.238	0.248
20	0.180	0.190	0.200	0.210	0.221	0.231	0.242	0.253	0.264	0.275	0.286	0.298
22	0.214	0.226	0.238	0.250	0.262	0.275	0.287	0.300	0.313	0.326	0.339	0.352
24	0.252	0.266	0.279	0.293	0.308	0.322	0.336	0.351	0.366	0.380	0.396	0.411
26	0.293	0.308	0.324	0.340	0.356	0.373	0.389	0.406	0.423	0.440	0.457	0.474

检尺径 (cm)	检尺长 (m) 材积 (m³)											
	4.4	4.6	4.8	5.0	5.2	5.4	5.6	5.8	6.0	6.2	6.4	6.6
28	0.337	0.354	0.372	0.391	0.409	0.427	0.446	0.465	0.484	0.503	0.522	0.542
30	0.383	0.404	0.424	0.444	0.465	0.486	0.507	0.528	0.549	0.571	0.592	0.614
32	0.433	0.456	0.479	0.502	0.525	0.548	0.571	0.595	0.619	0.643	0.667	0.691
34	0.486	0.511	0.537	0.562	0.588	0.614	0.640	0.666	0.692	0.719	0.746	0.772
36	0.542	0.570	0.598	0.626	0.655	0.683	0.712	0.741	0.770	0.799	0.829	0.858
38	0.601	0.632	0.663	0.694	0.725	0.757	0.788	0.820	0.852	0.884	0.916	0.949
40	0.663	0.697	0.731	0.765	0.800	0.834	0.869	0.903	0.938	0.973	1.008	1.044
42	0.729	0.766	0.803	0.840	0.877	0.915	0.953	0.990	1.028	1.067	1.105	1.143
44	0.797	0.837	0.877	0.918	0.959	0.999	1.040	1.082	1.123	1.164	1.206	1.247
46	0.868	0.912	0.955	0.999	1.043	1.088	1.132	1.177	1.221	1.266	1.311	1.356
48	0.942	0.990	1.037	1.084	1.132	1.180	1.228	1.276	1.324	1.372	1.421	1.469
50	1.020	1.071	1.122	1.173	1.224	1.276	1.327	1.379	1.431	1.483	1.535	1.587

检尺径 (cm)	检尺长(m) 材积(m³)											
	4.4	4.6	4.8	5.0	5.2	5.4	5.6	5.8	6.0	6.2	6.4	6.6
52	1.100	1.155	1.210	1.265	1.320	1.375	1.431	1.486	1.542	1.597	1.653	1.709
54	1.184	1.242	1.301	1.360	1.419	1.478	1.538	1.597	1.657	1.716	1.776	1.835
56	1.270	1.333	1.396	1.459	1.522	1.586	1.649	1.712	1.776	1.839	1.903	1.967
58	1.360	1.427	1.494	1.561	1.629	1.696	1.764	1.832	1.899	1.967	2.035	2.102
60	1.452	1.524	1.595	1.667	1.739	1.811	1.883	1.955	2.027	2.099	2.171	2.243
62	1.548	1.624	1.700	1.776	1.853	1.929	2.005	2.082	2.158	2.235	2.311	2.388
64	1.647	1.728	1.808	1.889	1.970	2.051	2.132	2.213	2.294	2.375	2.456	2.537
66	1.749	1.834	1.920	2.005	2.091	2.177	2.263	2.348	2.434	2.520	2.605	2.691
68	1.854	1.944	2.034	2.125	2.216	2.306	2.397	2.487	2.578	2.668	2.759	2.849
70	1.961	2.057	2.152	2.248	2.344	2.439	2.535	2.631	2.726	2.822	2.917	3.012
72	2.072	2.173	2.274	2.375	2.476	2.576	2.677	2.778	2.879	2.979	3.079	3.180
74	2.186	2.292	2.399	2.505	2.611	2.717	2.823	2.929	3.035	3.141	3.246	3.352

检尺径 (cm)	检尺长（m） 材积（m³）											
	4.4	4.6	4.8	5.0	5.2	5.4	5.6	5.8	6.0	6.2	6.4	6.6
76	2.303	2.415	2.527	2.638	2.750	2.862	2.973	3.084	3.196	3.307	3.417	3.528
78	2.424	2.541	2.658	2.775	2.893	3.010	3.127	3.244	3.360	3.477	3.593	3.709
80	2.547	2.670	2.793	2.916	3.039	3.162	3.284	3.407	3.529	3.651	3.773	3.895
82	2.673	2.802	2.931	3.060	3.189	3.317	3.446	3.574	3.702	3.830	3.958	4.085
84	2.802	2.937	3.072	3.207	3.342	3.477	3.611	3.745	3.879	4.013	4.146	4.279
86	2.934	3.076	3.217	3.358	3.499	3.640	3.780	3.921	4.061	4.200	4.340	4.479
88	3.070	3.217	3.365	3.512	3.660	3.807	3.953	4.100	4.246	4.392	4.537	4.682
90	3.208	3.362	3.516	3.670	3.824	3.977	4.130	4.283	4.436	4.588	4.739	4.891
92	3.350	3.510	3.671	3.831	3.992	4.152	4.311	4.471	4.629	4.788	4.946	5.103
94	3.494	3.662	3.829	3.996	4.163	4.330	4.496	4.662	4.827	4.992	5.157	5.321
96	3.642	3.816	3.990	4.164	4.338	4.512	4.685	4.857	5.029	5.201	5.372	5.542
98	3.792	3.974	4.155	4.336	4.517	4.697	4.877	5.057	5.235	5.414	5.592	5.769

检尺径 (cm)	检尺长（m） 材积（m³）											
	4.4	4.6	4.8	5.0	5.2	5.4	5.6	5.8	6.0	6.2	6.4	6.6
100	3.946	4.135	4.323	4.511	4.699	4.887	5.073	5.260	5.446	5.631	5.816	6.000
102	4.103	4.299	4.494	4.690	4.885	5.080	5.274	5.467	5.660	5.853	6.044	6.235
104	4.263	4.466	4.669	4.872	5.074	5.276	5.478	5.679	5.879	6.078	6.277	6.475
106	4.425	4.636	4.847	5.058	5.267	5.477	5.686	5.894	6.101	6.308	6.514	6.720
108	4.591	4.810	5.028	5.247	5.464	5.681	5.898	6.113	6.328	6.543	6.756	6.969
110	4.760	4.987	5.213	5.439	5.664	5.889	6.113	6.337	6.559	6.781	7.002	7.222
112	4.932	5.167	5.401	5.635	5.868	6.101	6.333	6.564	6.794	7.024	7.252	7.480
114	5.107	5.350	5.592	5.834	6.076	6.316	6.556	6.795	7.034	7.271	7.507	7.743
116	5.285	5.536	5.787	6.037	6.287	6.536	6.784	7.031	7.277	7.522	7.767	8.010
118	5.466	5.726	5.985	6.244	6.502	6.759	7.015	7.270	7.525	7.778	8.030	8.281
120	5.651	5.919	6.186	6.453	6.720	6.985	7.250	7.514	7.776	8.038	8.298	8.558

检尺径 (cm)	检尺长 (m) 材积 (m³)										
	6.8	7.0	7.2	7.4	7.6	7.8	8.0	8.5	9.0	9.5	10.0
4	0.0281	0.0297	0.0313	0.0330	0.0347	0.0364	0.0382	0.0430	0.0481	0.0536	0.0594
5	0.0364	0.0383	0.0403	0.0423	0.0444	0.0465	0.0487	0.0544	0.0605	0.0670	0.0739
6	0.0458	0.0481	0.0504	0.0528	0.0552	0.0578	0.0603	0.0671	0.0743	0.0819	0.0899
7	0.0562	0.0589	0.0616	0.0644	0.0673	0.0703	0.0733	0.0811	0.0895	0.0982	0.1075
8	0.068	0.071	0.074	0.077	0.081	0.084	0.087	0.097	0.106	0.116	0.127
9	0.080	0.084	0.088	0.091	0.095	0.099	0.103	0.113	0.124	0.135	0.147
10	0.094	0.098	0.102	0.106	0.111	0.115	0.120	0.131	0.144	0.156	0.170
11	0.109	0.113	0.118	0.123	0.128	0.133	0.138	0.151	0.164	0.179	0.194
12	0.124	0.130	0.135	0.140	0.146	0.151	0.157	0.171	0.187	0.203	0.219
13	0.141	0.147	0.153	0.159	0.165	0.171	0.177	0.194	0.210	0.228	0.246
14	0.169	0.176	0.184	0.191	0.199	0.206	0.214	0.234	0.256	0.278	0.301

检尺径 (cm)	检尺长 (m) 材积 (m³)										
	6.8	7.0	7.2	7.4	7.6	7.8	8.0	8.5	9.0	9.5	10.0
16	0.211	0.220	0.229	0.238	0.247	0.256	0.265	0.289	0.314	0.340	0.367
18	0.258	0.268	0.278	0.289	0.300	0.310	0.321	0.349	0.378	0.408	0.440
20	0.309	0.321	0.333	0.345	0.358	0.370	0.383	0.415	0.448	0.483	0.519
22	0.365	0.379	0.393	0.407	0.421	0.435	0.450	0.487	0.525	0.564	0.604
24	0.426	0.442	0.457	0.473	0.489	0.506	0.522	0.564	0.607	0.651	0.697
26	0.491	0.509	0.527	0.545	0.563	0.581	0.600	0.647	0.695	0.744	0.795
28	0.561	0.581	0.601	0.621	0.642	0.662	0.683	0.735	0.789	0.844	0.900
30	0.636	0.658	0.681	0.703	0.726	0.748	0.771	0.830	0.889	0.950	1.012
32	0.715	0.740	0.765	0.790	0.815	0.840	0.865	0.930	0.995	1.062	1.131
34	0.799	0.827	0.854	0.881	0.909	0.937	0.965	1.035	1.107	1.181	1.255
36	0.888	0.918	0.948	0.978	1.008	1.039	1.069	1.147	1.225	1.305	1.387

检尺径 (cm)	检尺长（m） 材积（m³）												
	6.8	7.0	7.2	7.4	7.6	7.8	8.0	8.5	9.0	9.5	10.0
38	0.981	1.014	1.047	1.080	1.113	1.146	1.180	1.264	1.349	1.436	1.525
40	1.079	1.115	1.151	1.186	1.223	1.259	1.295	1.387	1.479	1.574	1.669
42	1.182	1.221	1.259	1.298	1.337	1.377	1.416	1.515	1.615	1.717	1.820
44	1.289	1.331	1.373	1.415	1.457	1.500	1.542	1.649	1.757	1.867	1.978
46	1.401	1.446	1.492	1.537	1.583	1.628	1.674	1.789	1.905	2.023	2.142
48	1.518	1.566	1.615	1.664	1.713	1.762	1.811	1.935	2.059	2.185	2.312
50	1.639	1.691	1.743	1.796	1.848	1.901	1.954	2.086	2.219	2.354	2.489
52	1.765	1.821	1.877	1.933	1.989	2.045	2.101	2.243	2.385	2.528	2.673
54	1.895	1.955	2.015	2.075	2.135	2.195	2.255	2.405	2.557	2.709	2.863
56	2.030	2.094	2.158	2.222	2.286	2.349	2.413	2.574	2.735	2.897	3.060
58	2.170	2.238	2.306	2.374	2.442	2.510	2.577	2.748	2.918	3.090	3.263

检尺径 (cm)	检尺长(m) 材积(m³)										
	6.8	7.0	7.2	7.4	7.6	7.8	8.0	8.5	9.0	9.5	10.0
60	2.315	2.387	2.459	2.531	2.603	2.675	2.747	2.927	3.108	3.290	3.473
62	2.464	2.540	2.617	2.693	2.769	2.845	2.922	3.113	3.304	3.496	3.690
64	2.618	2.699	2.779	2.860	2.941	3.021	3.102	3.304	3.506	3.708	3.912
66	2.776	2.862	2.947	3.032	3.117	3.203	3.288	3.500	3.713	3.927	4.142
68	2.939	3.029	3.119	3.209	3.299	3.389	3.479	3.703	3.927	4.152	4.378
70	3.107	3.202	3.297	3.392	3.486	3.581	3.675	3.911	4.147	4.383	4.620
72	3.280	3.380	3.479	3.579	3.678	3.778	3.877	4.125	4.372	4.620	4.869
74	3.457	3.562	3.667	3.771	3.876	3.980	4.084	4.344	4.604	4.864	5.125
76	3.639	3.749	3.859	3.969	4.078	4.188	4.297	4.569	4.842	5.114	5.387
78	3.825	3.940	4.056	4.171	4.286	4.400	4.515	4.800	5.085	5.370	5.656
80	4.016	4.137	4.258	4.378	4.499	4.619	4.738	5.037	5.335	5.632	5.931

检尺径(cm)	检尺长(m) 材积(m³)										
	6.8	7.0	7.2	7.4	7.6	7.8	8.0	8.5	9.0	9.5	10.0
82	4.212	4.338	4.465	4.591	4.716	4.842	4.967	5.279	5.590	5.901	6.213
84	4.412	4.545	4.677	4.808	4.940	5.071	5.201	5.527	5.852	6.176	6.501
86	4.617	4.755	4.893	5.031	5.168	5.304	5.441	5.781	6.119	6.457	6.796
88	4.827	4.971	5.115	5.258	5.401	5.544	5.686	6.040	6.393	6.745	7.097
90	5.041	5.192	5.341	5.491	5.640	5.788	5.936	6.305	6.672	7.038	7.405
92	5.260	5.417	5.573	5.728	5.883	6.038	6.192	6.576	6.958	7.338	7.719
94	5.484	5.647	5.809	5.971	6.132	6.293	6.453	6.852	7.249	7.645	8.040
96	5.712	5.882	6.050	6.219	6.386	6.553	6.720	7.134	7.546	7.957	8.368
98	5.945	6.121	6.297	6.471	6.645	6.819	6.992	7.422	7.850	8.276	8.702
100	6.183	6.366	6.548	6.729	6.910	7.090	7.269	7.715	8.159	8.601	9.043
102	6.425	6.615	6.804	6.992	7.179	7.366	7.552	8.015	8.474	8.932	9.390

检尺径(cm)	检尺长(m)										
	6.8	7.0	7.2	7.4	7.6	7.8	8.0	8.5	9.0	9.5	10.0
	材积(m³)										
104	6.672	6.869	7.065	7.259	7.454	7.647	7.840	8.319	8.796	9.270	9.743
106	6.924	7.128	7.330	7.532	7.733	7.934	8.134	8.630	9.123	9.613	10.103
108	7.180	7.391	7.601	7.810	8.018	8.226	8.433	8.946	9.456	9.964	10.470
110	7.441	7.659	7.877	8.093	8.308	8.523	8.737	9.268	9.795	10.320	10.843
112	7.707	7.932	8.157	8.381	8.604	8.826	9.047	9.596	10.140	10.682	11.223
114	7.977	8.210	8.443	8.674	8.904	9.133	9.362	9.929	10.492	11.051	11.610
116	8.252	8.493	8.733	8.972	9.210	9.446	9.682	10.268	10.849	11.426	12.002
118	8.532	8.780	9.028	9.275	9.520	9.765	10.008	10.613	11.212	11.808	12.402
120	8.816	9.073	9.328	9.583	9.836	10.088	10.339	10.963	11.581	12.195	12.808

圆材材积表　　　　　　　　　　表 2

检尺径 (cm)	检尺长 (m)							
	0.4	0.6	0.8	1.0	1.2	1.4	1.6	1.8
	材积 (m³)							
4	0.0006	0.0009	0.0012	0.0016	0.0020	0.0025	0.0029	0.0035
6	0.0012	0.0019	0.0026	0.0034	0.0042	0.0050	0.0059	0.0069
8	0.0022	0.003	0.005	0.006	0.007	0.008	0.010	0.011
10	0.0033	0.005	0.007	0.009	0.011	0.013	0.015	0.017
12	0.0048	0.007	0.010	0.013	0.015	0.018	0.021	0.024
14	0.006	0.010	0.013	0.017	0.020	0.024	0.028	0.032
16	0.008	0.013	0.017	0.022	0.026	0.031	0.036	0.041
18	0.011	0.016	0.022	0.027	0.033	0.039	0.045	0.051
20	0.013	0.020	0.027	0.034	0.041	0.048	0.055	0.063
22	0.016	0.024	0.032	0.041	0.049	0.058	0.067	0.076
24	0.019	0.028	0.038	0.048	0.058	0.068	0.079	0.089

检尺径 (cm)	检尺长(m)							
	0.4	0.6	0.8	1.0	1.2	1.4	1.6	1.8
	材积(m³)							
26	0.022	0.033	0.045	0.056	0.068	0.080	0.092	0.104
28	0.025	0.038	0.052	0.065	0.079	0.092	0.106	0.120
30	0.029	0.044	0.059	0.074	0.090	0.106	0.121	0.137
32	0.033	0.050	0.067	0.085	0.102	0.120	0.138	0.156
34	0.037	0.056	0.076	0.095	0.115	0.135	0.155	0.175
36	0.042	0.063	0.085	0.107	0.129	0.151	0.173	0.196
38	0.047	0.070	0.094	0.119	0.143	0.168	0.193	0.218
40	0.052	0.078	0.104	0.131	0.158	0.186	0.213	0.241
42	0.057	0.086	0.115	0.145	0.174	0.204	0.234	0.265
44	0.063	0.094	0.126	0.158	0.191	0.224	0.257	0.290
46	0.068	0.103	0.138	0.173	0.208	0.244	0.280	0.317

检尺径 (cm)	检尺长（m） 材积（m³）							
	0.4	0.6	0.8	1.0	1.2	1.4	1.6	1.8
48	0.074	0.112	0.150	0.188	0.227	0.266	0.305	0.344
50	0.081	0.121	0.163	0.204	0.246	0.288	0.330	0.373
52	0.087	0.131	0.176	0.221	0.266	0.311	0.357	0.403
54	0.094	0.142	0.189	0.238	0.286	0.335	0.384	0.434
56	0.101	0.152	0.204	0.255	0.308	0.360	0.413	0.466
58	0.108	0.163	0.218	0.274	0.330	0.386	0.443	0.500
60	0.116	0.175	0.233	0.293	0.353	0.413	0.473	0.534
62	0.124	0.186	0.249	0.313	0.376	0.440	0.505	0.570
64	0.132	0.198	0.265	0.333	0.401	0.469	0.537	0.607
66	0.140	0.211	0.282	0.354	0.426	0.498	0.571	0.644
68	0.149	0.224	0.299	0.375	0.452	0.529	0.606	0.684

检尺径 (cm)	检尺长 (m)							
	0.4	0.6	0.8	1.0	1.2	1.4	1.6	1.8
	材积 (m³)							
70	0.158	0.237	0.317	0.398	0.478	0.560	0.642	0.724
72	0.167	0.251	0.335	0.421	0.506	0.592	0.678	0.765
74	0.176	0.265	0.354	0.444	0.534	0.625	0.716	0.808
76	0.186	0.279	0.374	0.468	0.563	0.659	0.755	0.852
78	0.196	0.294	0.393	0.493	0.593	0.694	0.795	0.896
80	0.206	0.310	0.414	0.518	0.624	0.729	0.836	0.942
82	0.216	0.325	0.435	0.545	0.655	0.766	0.878	0.990
84	0.227	0.341	0.456	0.571	0.687	0.803	0.920	1.038
86	0.238	0.357	0.478	0.599	0.720	0.842	0.964	1.087
88	0.249	0.374	0.500	0.627	0.754	0.881	1.009	1.138
90	0.260	0.391	0.523	0.655	0.788	0.921	1.055	1.190

检尺径 (cm)	检尺长 (m) 材积 (m³)								
	0.4	0.6	0.8	1.0	1.2	1.4	1.6	1.8
92	0.272	0.409	0.546	0.685	0.823	0.962	1.102	1.243
94	0.284	0.427	0.570	0.714	0.859	1.004	1.150	1.297
96	0.296	0.445	0.595	0.745	0.896	1.047	1.199	1.352
98	0.309	0.464	0.620	0.776	0.933	1.091	1.249	1.408
100	0.321	0.483	0.645	0.808	0.972	1.136	1.301	1.466
102	0.334	0.502	0.671	0.841	1.011	1.181	1.353	1.525
104	0.347	0.522	0.698	0.874	1.050	1.228	1.406	1.585
106	0.361	0.542	0.725	0.907	1.091	1.275	1.460	1.646
108	0.375	0.563	0.752	0.942	1.132	1.323	1.515	1.708
110	0.389	0.584	0.780	0.977	1.174	1.373	1.571	1.771
112	0.403	0.605	0.809	1.013	1.217	1.423	1.629	1.835

检尺径 (cm)	检尺长(m)							
	0.4	0.6	0.8	1.0	1.2	1.4	1.6	1.8
	材积(m³)							
114	0.417	0.627	0.838	1.049	1.261	1.473	1.687	1.901
116	0.432	0.649	0.867	1.086	1.305	1.525	1.746	1.968
118	0.447	0.672	0.897	1.123	1.350	1.578	1.807	2.036
120	0.462	0.695	0.928	1.162	1.396	1.632	1.868	2.105

检尺径 (cm)	检尺长(m)									
	10.5	11	11.5	12	12.5	13	13.5	14	14.5	15
	材积(m³)									
4	0.0719	0.0794	0.0875	0.0960	0.1051	0.1147	0.1248	0.1355	0.1468	0.1587
6	0.1063	0.1164	0.1270	0.1382	0.1501	0.1625	0.1756	0.1893	0.2037	0.2187
8	0.147	0.160	0.174	0.188	0.203	0.219	0.235	0.252	0.270	0.288
10	0.195	0.211	0.228	0.246	0.264	0.283	0.303	0.324	0.345	0.368
12	0.250	0.270	0.290	0.311	0.333	0.356	0.380	0.404	0.430	0.456

检尺径 (cm)	检尺长(m)									
	10.5	11	11.5	12	12.5	13	13.5	14	14.5	15
	材积(m³)									
14	0.311	0.335	0.359	0.384	0.410	0.437	0.465	0.494	0.524	0.555
16	0.379	0.407	0.435	0.465	0.495	0.527	0.559	0.592	0.627	0.663
18	0.454	0.486	0.519	0.553	0.588	0.624	0.662	0.700	0.740	0.780
20	0.536	0.572	0.610	0.649	0.689	0.730	0.773	0.816	0.861	0.908
22	0.624	0.666	0.708	0.753	0.798	0.845	0.893	0.942	0.992	1.044
24	0.719	0.766	0.814	0.864	0.915	0.967	1.021	1.076	1.133	1.191
26	0.820	0.873	0.927	0.983	1.040	1.099	1.158	1.220	1.282	1.347
28	0.929	0.988	1.048	1.110	1.173	1.238	1.304	1.372	1.441	1.512
30	1.044	1.109	1.176	1.244	1.314	1.386	1.459	1.533	1.610	1.688
32	1.166	1.238	1.311	1.386	1.463	1.542	1.622	1.704	1.787	1.872

检尺径 (cm)	检尺长 (m)									
	10.5	11.0	11.5	12.0	12.5	13.0	13.5	14.0	14.5	15.0
	材积 (m³)									
4	0.0719	0.0794	0.0875	0.0960	0.1051	0.1147	0.1248	0.1355	0.1468	0.1587
6	0.1063	0.1164	0.1270	0.1382	0.1501	0.1625	0.1756	0.1893	0.2037	0.2187
8	0.147	0.160	0.174	0.188	0.203	0.219	0.235	0.252	0.270	0.288
10	0.195	0.211	0.228	0.246	0.264	0.283	0.303	0.324	0.345	0.368
12	0.250	0.270	0.290	0.311	0.333	0.356	0.380	0.404	0.430	0.456
14	0.311	0.335	0.359	0.384	0.410	0.437	0.465	0.494	0.524	0.555
16	0.379	0.407	0.435	0.465	0.495	0.527	0.559	0.592	0.627	0.663
18	0.454	0.486	0.519	0.553	0.588	0.624	0.662	0.700	0.740	0.780
20	0.536	0.572	0.610	0.649	0.689	0.730	0.773	0.816	0.861	0.908
22	0.624	0.666	0.708	0.753	0.798	0.845	0.893	0.942	0.992	1.044
24	0.719	0.766	0.814	0.864	0.915	0.967	1.021	1.076	1.133	1.191

检尺径 (cm)	检尺长 (m)									
	10.5	11.0	11.5	12.0	12.5	13.0	13.5	14.0	14.5	15.0
	材积 (m³)									
26	0.820	0.873	0.927	0.983	1.040	1.099	1.158	1.220	1.282	1.347
28	0.929	0.988	1.048	1.110	1.173	1.238	1.304	1.372	1.441	1.512
30	1.044	1.109	1.176	1.244	1.314	1.386	1.459	1.533	1.610	1.688
32	1.166	1.238	1.311	1.386	1.463	1.542	1.622	1.704	1.787	1.872
34	1.294	1.373	1.454	1.536	1.620	1.706	1.793	1.883	1.974	2.067
36	1.429	1.516	1.604	1.693	1.785	1.879	1.974	2.071	2.170	2.271
38	1.571	1.665	1.761	1.859	1.958	2.059	2.163	2.268	2.375	2.484
40	1.720	1.822	1.926	2.031	2.139	2.249	2.360	2.474	2.590	2.708
42	1.875	1.986	2.098	2.212	2.328	2.446	2.567	2.689	2.814	2.940
44	2.037	2.156	2.277	2.400	2.525	2.652	2.782	2.913	3.047	3.183
46	2.206	2.334	2.464	2.596	2.730	2.867	3.005	3.146	3.289	3.435

检尺径 (cm)	检尺长(m)									
	10.5	11.0	11.5	12.0	12.5	13.0	13.5	14.0	14.5	15.0
	材积(m³)									
48	2.382	2.519	2.658	2.799	2.943	3.089	3.237	3.388	3.541	3.696
50	2.564	2.711	2.859	3.011	3.164	3.320	3.478	3.639	3.802	3.968
52	2.753	2.910	3.068	3.229	3.393	3.559	3.728	3.899	4.072	4.248
54	2.949	3.115	3.284	3.456	3.630	3.807	3.986	4.168	4.352	4.539
56	3.151	3.328	3.508	3.690	3.875	4.063	4.253	4.445	4.641	4.839
58	3.360	3.548	3.739	3.932	4.128	4.327	4.528	4.732	4.939	5.148
60	3.576	3.775	3.977	4.182	4.389	4.599	4.812	5.028	5.246	5.468
62	3.799	4.010	4.223	4.439	4.658	4.880	5.105	5.332	5.563	5.796
64	4.028	4.251	4.476	4.704	4.935	5.169	5.406	5.646	5.889	6.135
66	4.264	4.499	4.736	4.977	5.220	5.467	5.716	5.968	6.224	6.483
68	4.507	4.754	5.004	5.257	5.513	5.772	6.035	6.300	6.569	6.840

检尺径 (cm)	检尺长 (m) 材积(m³)									
	10.5	11.0	11.5	12.0	12.5	13.0	13.5	14.0	14.5	15.0
70	4.757	5.016	5.279	5.545	5.814	6.086	6.362	6.640	6.922	7.208
72	5.013	5.286	5.561	5.841	6.123	6.409	6.698	6.990	7.285	7.584
74	5.276	5.562	5.851	6.144	6.440	6.739	7.042	7.348	7.658	7.971
76	5.545	5.845	6.148	6.455	6.765	7.079	7.395	7.716	8.039	8.367
78	5.822	6.136	6.453	6.774	7.098	7.426	7.757	8.092	8.430	8.772
80	6.105	6.433	6.765	7.100	7.439	7.782	8.128	8.477	8.831	9.188
82	6.395	6.738	7.084	7.434	7.788	8.146	8.507	8.872	9.240	9.612
84	6.691	7.049	7.411	7.776	8.145	8.518	8.894	9.275	9.659	10.047
86	6.994	7.368	7.745	8.125	8.510	8.899	9.291	9.687	10.087	10.491
88	7.304	7.693	8.086	8.483	8.883	9.287	9.696	10.108	10.524	10.944
90	7.621	8.026	8.435	8.847	9.264	9.685	10.109	10.538	10.971	11.408
92	7.944	8.366	8.791	9.220	9.653	10.090	10.532	10.977	11.427	11.880
94	8.274	8.712	9.154	9.600	10.050	10.504	10.963	11.425	11.892	12.363

检尺径 (cm)	检尺长(m)									
	10.5	11.0	11.5	12.0	12.5	13.0	13.5	14.0	14.5	15.0
	材积(m³)									
96	8.611	9.066	9.525	9.988	10.455	10.927	11.402	11.882	12.366	12.855
98	8.955	9.427	9.903	10.383	10.868	11.357	11.850	12.348	12.850	13.356
100	9.305	9.795	10.288	10.787	11.289	11.796	12.307	12.823	13.343	13.868
102	9.662	10.170	10.681	11.197	11.718	12.243	12.773	13.307	13.845	14.388
104	10.026	10.551	11.081	11.616	12.155	12.699	13.247	13.800	14.357	14.919
106	10.396	10.940	11.489	12.042	12.600	13.163	13.730	14.301	14.878	15.459
108	10.773	11.336	11.904	12.476	13.053	13.635	14.221	14.812	15.408	16.008
110	11.157	11.739	12.326	12.918	13.514	14.115	14.721	15.332	15.947	16.568
112	11.548	12.150	12.756	13.367	13.983	14.604	15.230	15.860	16.496	17.136
114	11.945	12.567	13.193	13.824	14.460	15.101	15.747	16.398	17.054	17.715
116	12.349	12.991	13.637	14.289	14.945	15.607	16.273	16.944	17.621	18.303
118	12.760	13.422	14.089	14.761	15.438	16.120	16.808	17.500	18.198	18.900
120	13.178	13.860	14.548	15.241	15.939	16.642	17.351	18.064	18.783	19.508

椽 材 材 积

    椽材：民房屋顶木结构中，设置在檩条上作支承屋面和瓦片的木条。树种为：杉木、水杉、柳杉、云杉、冷杉、铁杉、马尾松、云南松、华山松及阔叶树材。

一、椽材检量

    尺寸检量同《原木检验》GB/T 144—2003 有关规定执行。

    检尺长进级：1～6m，不足 2m，按 0.1m 进级，自 2m 以上，按 0.2m 进级。长级公差不足 2m：+ 3cm，− 1cm，自 2m 以上：+ 6cm、−2cm。

    检尺径进级：3～12cm，3cm 为实足尺寸，按 1cm 进级，实际尺寸不足 1cm 时，足 0.5cm 增进，不足 0.5cm 舍去。

二、椽材材积计算

    椽材材积计算公式：

$$V = 0.7854L(D + 0.45L + 0.2)^2 \div 10000$$

式中 *V*——材积，m³；

　　　L——检尺长，m；

　　　D——检尺径，cm。

三、椽材材积表

　　检尺径 4～7cm 的原木材积数保留四位小数，检尺径自 8cm 以上的原木材积数字，保留三位小数。

　　椽材材积表，见表3。

椽材材积表　　　　表 3

检尺长 (m)	检尺径 (cm)									
	3	4	5	6	7	8	9	10	11	12
	材积 (m³)									
1.0	0.0010	0.0017	0.0025	0.0035	0.0046	0.006	0.007	0.009	0.011	0.013
1.1	0.0012	0.0019	0.0028	0.0039	0.0051	0.007	0.008	0.010	0.012	0.014
1.2	0.0013	0.0021	0.0031	0.0043	0.0056	0.007	0.009	0.011	0.013	0.015
1.3	0.0015	0.0023	0.0034	0.0047	0.0062	0.008	0.010	0.012	0.014	0.017
1.4	0.0016	0.0026	0.0037	0.0051	0.0067	0.009	0.011	0.013	0.015	0.018
1.5	0.0018	0.0028	0.0041	0.0056	0.0073	0.009	0.011	0.014	0.017	0.020
1.6	0.0019	0.0030	0.0044	0.0060	0.0079	0.010	0.012	0.015	0.018	0.021
1.7	0.0021	0.0033	0.0048	0.0065	0.0085	0.011	0.013	0.016	0.019	0.022
1.8	0.0023	0.0035	0.0051	0.0069	0.0091	0.011	0.014	0.017	0.020	0.024
1.9	0.0025	0.0038	0.0055	0.0074	0.0097	0.012	0.015	0.018	0.022	0.025
2.0	0.0026	0.0041	0.0058	0.0079	0.0103	0.013	0.016	0.019	0.023	0.027
2.2	0.0030	0.0047	0.0066	0.0089	0.0116	0.015	0.018	0.022	0.026	0.030
2.4	0.0035	0.0053	0.0074	0.0100	0.0129	0.016	0.020	0.024	0.028	0.033
2.6	0.0039	0.0059	0.0083	0.0111	0.0143	0.018	0.022	0.026	0.031	0.037
2.8	0.0044	0.0066	0.0092	0.0122	0.0157	0.020	0.024	0.029	0.034	0.040

检尺长 (m)	检尺径 (cm)									
	3	4	5	6	7	8	9	10	11	12
	材积 (m³)									
3.0	0.0049	0.0073	0.0101	0.0134	0.0172	0.021	0.026	0.031	0.037	0.043
3.2	0.0054	0.0080	0.0111	0.0147	0.0188	0.023	0.028	0.034	0.040	0.047
3.4	0.0060	0.0088	0.0121	0.0160	0.0204	0.025	0.031	0.037	0.043	0.050
3.6	0.0066	0.0096	0.0132	0.0173	0.0220	0.027	0.033	0.040	0.046	0.054
3.8	0.0072	0.0104	0.0143	0.0187	0.0237	0.029	0.036	0.042	0.050	0.058
4.0	0.0079	0.0113	0.0154	0.0201	0.0254	0.031	0.038	0.045	0.053	0.062
4.2	0.0085	0.0122	0.0166	0.0216	0.0273	0.034	0.041	0.048	0.057	0.065
4.4	0.0093	0.0132	0.0178	0.0231	0.0291	0.036	0.043	0.051	0.060	0.069
4.6	0.0100	0.0142	0.0191	0.0247	0.0310	0.038	0.046	0.054	0.064	0.074
4.8	0.0108	0.0152	0.0204	0.0263	0.0330	0.040	0.049	0.058	0.067	0.078
5.0	0.0117	0.0163	0.0218	0.0280	0.0351	0.043	0.051	0.061	0.071	0.082
5.2	0.0125	0.0175	0.0232	0.0298	0.0372	0.045	0.054	0.064	0.075	0.086
5.4	0.0134	0.0186	0.0247	0.0316	0.0393	0.048	0.057	0.068	0.079	0.091
5.6	0.0144	0.0199	0.0262	0.0334	0.0416	0.051	0.060	0.071	0.083	0.095
5.8	0.0154	0.0211	0.0278	0.0354	0.0438	0.053	0.064	0.075	0.087	0.100
6.0	0.0164	0.0224	0.0294	0.0373	0.0462	0.056	0.067	0.078	0.091	0.105

杉原条材积

一、杉原条检量

1. 尺寸进级：检尺长以 1m 进级，检尺径以 2cm 进级。

2. 长度检量：从大头斧口（或锯口）量至梢端短径足 6cm 处止，以 1m 进位，不足 1m 的由梢端舍去，经舍去后的长度为检尺长。大头打水眼，材长应从大头水眼内侧量起；梢头打水眼，材长应量至梢头水眼内侧处为止。

3. 直径检量：直径在离大头斧口（或锯口）2.5m 处检量。以 2cm 进级，不足 2cm 时，凡足 1cm 的进位，不足 1cm 的舍去。

（1）检量直径处遇有节子、树瘤等不正常现象时，应向梢端方向移至正常部位检量；如直径检量部位遇有夹皮、偏枯、外伤和节子脱落而形成凹陷部分时，应将直径恢复其原形检量。

（2）如用卡尺检量直径时，其长短径均量至厘米，以其长径、短径的平均数经进舍后为检尺径。

4. 劈裂材的尺寸检量

(1) 大头劈裂已脱落的，其端头断面厚度（指进舍后尺寸）相当于检尺径的不计，小于检尺径的，材长应扣除到相当于检尺径处的长度量起，重新确定检尺长，原检尺径不变。

(2) 大头劈裂未脱落的，其中最大一块端头断面（指进舍后尺寸）相当于检尺径的不计；小于检尺径的，材长应扣除劈裂全长的二分之一后量起，重新确定检尺长，原检尺径不变。

(3) 大头劈裂长度自 2.5m 以上的，其检尺径仍在离大头 2.5m 处检量，已脱落的，以其长、短径的平均数，经进舍后为检尺径，原检尺长不变；未脱落的，仍以原直径（扣除裂隙后的直径）经进舍后为检尺径，材长应扣除劈裂全长二分之一后量起，重新确定检尺长。

(4) 尾梢劈裂，不论是否脱落，其材长均量至所余最大一块厚度（实足尺寸）不小于 6cm 处为止。

二、杉原条材积计算

1. 检尺径 ≤8cm 的杉原条材积计算公式：

$$V = 0.4902 \times L/100$$

式中　V——材积，m^3；

　　　L——检尺长，m。

2. 检尺径≥10cm 且检尺长小于等于 19m 的杉原条材积计算公式：

$$V=0.394×(3.279+D)^2×(0.707+L)/10000$$

式中　V——材积，m^3；

　　　L——检尺长，m；

　　　D——检尺径，cm。

3. 检尺径≥10cm 且检尺长大于等于 20m 的杉原条材积计算公式：

$$V=0.39×(3.50+D)^2×(0.48+L)/10000$$

式中　V——材积，m^3；

　　　L——检尺长，m；

　　　D——检尺径，cm。

4. 杉原条的检验方法按《杉原条》GB/T 5039—1999 规定执行。

三、杉原条材积表

杉原条材积数保留三位小数。

杉原条材积表，见表 4。

表 4

杉原条材积表

检尺径 (cm)	检尺长 (m)												
	5	6	7	8	9	10	11	12	13	14	15	16	17
	材积 (m³)												
8	0.025	0.029	0.034	0.039	0.044	0.049	—	—	—	—	—	—	—
10	0.040	0.047	0.054	0.060	0.067	0.074	0.081	0.088	0.095	0.102	0.109	0.116	0.123
12	0.052	0.062	0.071	0.080	0.089	0.098	0.108	0.117	0.126	0.135	0.144	0.154	0.163
14	0.067	0.079	0.091	0.102	0.114	0.126	0.138	0.149	0.161	0.173	0.185	0.197	0.208
16	0.084	0.098	0.113	0.128	0.142	0.157	0.171	0.186	0.201	0.215	0.230	0.245	0.259
18	0.102	0.120	0.137	0.155	0.173	0.191	0.209	0.227	0.245	0.262	0.280	0.298	0.316
20	—	0.143	0.165	0.186	0.207	0.229	0.250	0.271	0.293	0.314	0.335	0.357	0.378
22	—	—	0.194	0.219	0.244	0.270	0.295	0.320	0.345	0.370	0.395	0.421	0.446
24	—	—	—	0.255	0.285	0.314	0.343	0.373	0.402	0.431	0.461	0.490	0.519
26	—	—	—	—	0.328	0.362	0.395	0.429	0.463	0.497	0.531	0.564	0.598
28	—	—	—	—	—	0.413	0.451	0.490	0.528	0.567	0.605	0.644	0.683
30	—	—	—	—	—	—	0.511	0.554	0.598	0.642	0.685	0.729	0.773

检尺径 (cm)	检尺长 (m)												
	5	6	7	8	9	10	11	12	13	14	15	16	17
	材积 (m³)												
32	—	—	—	—	—	—	—	0.623	0.672	0.721	0.770	0.819	0.868
34	—	—	—	—	—	—	—	—	0.751	0.805	0.860	0.915	0.970
36	—	—	—	—	—	—	—	—	—	0.894	0.955	1.016	1.076
38	—	—	—	—	—	—	—	—	—	—	1.055	1.122	1.189
40	—	—	—	—	—	—	—	—	—	—	1.159	1.233	1.307
42	—	—	—	—	—	—	—	—	—	—	—	1.350	1.430
44	—	—	—	—	—	—	—	—	—	—	—	1.471	1.559
46	—	—	—	—	—	—	—	—	—	—	—	1.599	1.694
48	—	—	—	—	—	—	—	—	—	—	—	1.731	1.835
50	—	—	—	—	—	—	—	—	—	—	—	1.869	1.980
52	—	—	—	—	—	—	—	—	—	—	—	2.011	2.132
54	—	—	—	—	—	—	—	—	—	—	—	2.160	2.289
56	—	—	—	—	—	—	—	—	—	—	—	2.313	2.452
58	—	—	—	—	—	—	—	—	—	—	—	2.472	2.620
60	—	—	—	—	—	—	—	—	—	—	—	2.636	2.794

检尺径(cm)	检尺长(m)												
	18	19	20	21	22	23	24	25	26	27	28	29	30
	材积(m³)												
8	—	—	—	—	—	—	—	—	—	—	—	—	—
10	0.130	0.137	0.146	0.153	0.160	0.167	0.174	0.181	0.188	0.195	0.202	0.210	0.217
12	0.172	0.181	0.192	0.201	0.211	0.220	0.229	0.239	0.248	0.257	0.267	0.276	0.286
14	0.220	0.232	0.245	0.257	0.268	0.280	0.292	0.304	0.316	0.328	0.340	0.352	0.364
16	0.274	0.289	0.304	0.319	0.333	0.348	0.363	0.378	0.393	0.408	0.422	0.437	0.452
18	0.334	0.352	0.369	0.387	0.405	0.423	0.441	0.459	0.477	0.495	0.513	0.531	0.549
20	0.399	0.421	0.441	0.463	0.484	0.506	0.527	0.549	0.570	0.592	0.613	0.635	0.656
22	0.471	0.496	0.519	0.545	0.570	0.595	0.621	0.646	0.672	0.697	0.722	0.748	0.773
24	0.548	0.578	0.604	0.634	0.663	0.693	0.722	0.752	0.781	0.810	0.840	0.869	0.899
26	0.632	0.666	0.695	0.729	0.763	0.797	0.831	0.865	0.899	0.933	0.967	1.001	1.034
28	0.721	0.760	0.793	0.831	0.870	0.909	0.947	0.986	1.025	1.063	1.102	1.141	1.180
30	0.816	0.860	0.896	0.940	0.984	1.028	1.071	1.115	1.159	1.203	1.247	1.290	1.334
32	0.917	0.966	1.007	1.056	1.105	1.154	1.203	1.252	1.301	1.351	1.400	1.449	1.498

检尺径 (cm)	检尺长（m）												
	18	19	20	21	22	23	24	25	26	27	28	29	30
	材积（m³）												
34	1.024	1.079	1.123	1.178	1.233	1.288	1.343	1.397	1.452	1.507	1.562	1.617	1.672
36	1.137	1.198	1.246	1.307	1.368	1.429	1.490	1.550	1.611	1.672	1.733	1.794	1.855
38	1.256	1.323	1.376	1.443	1.510	1.577	1.644	1.711	1.779	1.846	1.913	1.980	2.047
40	1.381	1.454	1.511	1.585	1.659	1.733	1.807	1.880	1.954	2.028	2.102	2.176	2.249
42	1.511	1.592	1.654	1.734	1.815	1.896	1.977	2.057	2.138	2.219	2.299	2.380	2.461
44	1.648	1.736	1.802	1.890	1.978	2.066	2.154	2.242	2.330	2.418	2.506	2.594	2.682
46	1.790	1.886	1.957	2.053	2.148	2.244	2.339	2.435	2.530	2.626	2.722	2.817	2.913
48	1.938	2.042	2.118	2.222	2.325	2.429	2.532	2.636	2.739	2.842	2.946	3.049	3.153
50	2.092	2.204	2.286	2.398	2.509	2.621	2.733	2.844	2.956	3.068	3.179	3.291	3.402
52	2.252	2.373	2.460	2.580	2.701	2.821	2.941	3.061	3.181	3.301	3.421	3.541	3.662
54	2.418	2.547	2.641	2.770	2.899	3.028	3.157	3.285	3.414	3.543	3.672	3.801	3.930
56	2.590	2.728	2.828	2.966	3.104	3.242	3.380	3.518	3.656	3.794	3.932	4.070	4.208
58	2.768	2.916	3.021	3.168	3.316	3.463	3.611	3.758	3.906	4.054	4.201	4.349	4.496
60	2.951	3.109	3.221	3.378	3.535	3.692	3.850	4.007	4.164	4.321	4.479	4.636	4.793

小原条材积

小原条：林区抚育间伐生产中只经打枝、剥皮而未造材加工的小原条，为各种针叶、阔叶树种，小原条供作家具、农具、工具、民用建筑及防汛护堤等用料。

一、小原条检量

根据《小原条》LY/T 1079—2006 有关规定执行

长度检量：检尺长的量取是从大头斧口（或锯口）量至梢端短径足 3cm 处止，以 0.5m 进级，不足 0.5m 的由梢端舍去，经舍去后的长度为检尺长；

检尺径检量：直径检量是距离大头斧口（或锯口）2.5m 处检量。以 1cm 为一个增进单位，实际尺寸不足 1cm 时，足 0.5cm 增进，不足 0.5cm 舍去，经进舍后的直径为检尺径（遵照《原木检验》GB/T 144—2003）。

二、小原条材积计算

小原条材积计算公式如下：

$$V=(5.5L+0.38D^2L+16D-30)/10000$$

式中　V——材积，m^3；

　　　L——检尺长，m；

　　　D——检尺径，cm。

三、小原条材积表

小原条材积表　　表5

检尺径 (cm)	检尺长(m)						
	3	3.5	4	4.5	5	5.5	6
	材积(m³)						
4	0.0069	0.0075	0.0080	0.0086	0.0092	0.0098	0.0103
5	0.0095	0.0103	0.0110	0.0118	0.0125	0.0133	0.0140
6	—	—	0.0143	0.0152	0.0162	0.0171	0.0181
7	—	—	0.0178	0.0191	0.0203	0.0215	0.0227

锯 材 材 积

一、锯材检量

1. 长度：针叶树种 1~8m，阔叶树种 1~6m。

2. 长度进尺：沿材长方向检量两端面间的最短距离，自 2m 以上按 0.2m 进级，不足 2m 的按 0.1m 进级。

3. 锯材尺寸检量指对平行整边锯材的检量。

4. 锯材的尺寸以锯割当时检量的尺寸为准。

5. 锯材宽度、厚度：在材长范围内除去两端各 15cm 的任意无钝棱部位检量，见图 13。

6. 锯材板材厚度、宽度规定见表 6。

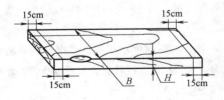

图 13

板材厚度、宽度规定 (mm)　表6

分类	厚　　度	宽度	
		尺寸范围	进级
薄板	12,15,18,21		
中板	25,30,35	30～300	10
厚板	40,45,50,60		
特厚板	70,80,90,100		

注：表中未列规格尺寸由供需双方协议商定

7. 实际材长小于标准长度，但不超过负偏差，仍按标准长度计算；如超过负偏差，则按下一级长度计算. 正多余部分不计。

8. 锯材宽、厚度的正、负偏差允许同时存在，如果厚度分级因偏差发生混淆时，按较小一级厚度计算。

9. 锯材实际宽度小于标准宽度，但不超过负偏差时，仍按标准宽度计算。如超过负偏差，则按下一级宽度计算。

10. 尺寸允许偏差见表7。

尺寸允许偏差　　　表7

种　类	尺寸范围	偏　差
长度	不足 2.0m	+3cm −1cm
	自 2.0m 以上	+6cm −2cm
宽度、厚度	不足 30mm	±1mm
	自 30mm 以上	±2mm

二、锯材材积计算

1. 锯材材积计算公式：

$$V = L \times W \times T / 1000000$$

式中　V——锯材材积，单位为立方米（m³）；

　　　L——锯材长度，单位为米（m）；

　　　W——锯材宽度，单位为毫米（mm）；

　　　T——锯材厚度，单位为毫米（mm）。

2. 锯材尺寸按《锯材检验》GB/T 4822—1999 的规定检量，锯材材长和材宽按《针叶树锯材》GB/T 153—2009 和《阔叶树锯材》GB/T 4817—2009 的规定执行。

三、普通锯材材积表

材积计算数字，材长在 2.0m 以下，保留五位小数，材长在 2.0m 以上，保留四位小数。

普通锯材材积表，见表8。

普通锯材材积表

表8

材长:0.5m

材宽 (mm)	材厚(mm)							
	12	15	18	21	25	30	35	40
	材积(m³)							
30	0.00018	0.00023	0.00027	0.00032	0.00038	0.00045	0.00053	0.00060
40	0.00024	0.00030	0.00036	0.00042	0.00050	0.00060	0.00070	0.00080
50	0.00030	0.00038	0.00045	0.00053	0.00063	0.00075	0.00088	0.00100
60	0.00036	0.00045	0.00054	0.00063	0.00075	0.00090	0.00105	0.00120
70	0.00042	0.00053	0.00063	0.00074	0.00088	0.00105	0.00123	0.00140
80	0.00048	0.00060	0.00072	0.00084	0.00100	0.00120	0.00140	0.00160
90	0.00054	0.00068	0.00081	0.00095	0.00113	0.00135	0.00158	0.00180
100	0.00060	0.00075	0.00090	0.00105	0.00125	0.00150	0.00175	0.00200
110	0.00066	0.00083	0.00099	0.00116	0.00138	0.00165	0.00193	0.00220
120	0.00072	0.00090	0.00108	0.00126	0.00150	0.00180	0.00210	0.00240
130	0.00078	0.00098	0.00117	0.00137	0.00163	0.00195	0.00228	0.00260
140	0.00084	0.00105	0.00126	0.00147	0.00175	0.00210	0.00245	0.00280
150	0.00090	0.00113	0.00135	0.00158	0.00188	0.00225	0.00263	0.00300
160	0.00096	0.00120	0.00144	0.00168	0.00200	0.00240	0.00280	0.00320

材长:0.5m

材宽 (mm)	材厚 (mm) 材积 (m³)							
	12	15	18	21	25	30	35	40
170	0.00102	0.00128	0.00153	0.00179	0.00213	0.00255	0.00298	0.00340
180	0.00108	0.00135	0.00162	0.00189	0.00225	0.00270	0.00315	0.00360
190	0.00114	0.00143	0.00171	0.00200	0.00238	0.00285	0.00333	0.00380
200	0.00120	0.00150	0.00180	0.00210	0.00250	0.00300	0.00350	0.00400
210	0.00126	0.00158	0.00189	0.00221	0.00263	0.00315	0.00368	0.00420
220	0.00132	0.00165	0.00198	0.00231	0.00275	0.00330	0.00385	0.00440
230	0.00138	0.00173	0.00207	0.00242	0.00288	0.00345	0.00403	0.00460
240	0.00144	0.00180	0.00216	0.00252	0.00300	0.00360	0.00420	0.00480
250	0.00150	0.00188	0.00225	0.00263	0.00313	0.00375	0.00438	0.00500
260	0.00156	0.00195	0.00234	0.00273	0.00325	0.00390	0.00455	0.00520
270	0.00162	0.00203	0.00243	0.00284	0.00338	0.00405	0.00473	0.00540
280	0.00168	0.00210	0.00252	0.00294	0.00350	0.00420	0.00490	0.00560
290	0.00174	0.00218	0.00261	0.00305	0.00363	0.00435	0.00508	0.00580
300	0.00180	0.00225	0.00270	0.00315	0.00375	0.00450	0.00525	0.00600

材长:0.5m

材宽 (mm)	材厚(mm) 材积(m³)						
	45	50	60	70	80	90	100
30	0.00068	0.00075	0.00090	0.00105	0.00120	0.00135	0.00150
40	0.00090	0.00100	0.00120	0.00140	0.00160	0.00180	0.00200
50	0.00113	0.00125	0.00150	0.00175	0.00200	0.00225	0.00250
60	0.00135	0.00150	0.00180	0.00210	0.00240	0.00270	0.00300
70	0.00158	0.00175	0.00210	0.00245	0.00280	0.00315	0.00350
80	0.00180	0.00200	0.00240	0.00280	0.00320	0.00360	0.00400
90	0.00203	0.00225	0.00270	0.00315	0.00360	0.00405	0.00450
100	0.00225	0.00250	0.00300	0.00350	0.00400	0.00450	0.00500
110	0.00248	0.00275	0.00330	0.00385	0.00440	0.00495	0.00550
120	0.00270	0.00300	0.00360	0.00420	0.00480	0.00540	0.00600
130	0.00293	0.00325	0.00390	0.00455	0.00520	0.00585	0.00650
140	0.00315	0.00350	0.00420	0.00490	0.00560	0.00630	0.00700
150	0.00338	0.00375	0.00450	0.00525	0.00600	0.00675	0.00750
160	0.00360	0.00400	0.00480	0.00560	0.00640	0.00720	0.00800

材长:0.5m

材宽 (mm)	材厚(mm)						
	45	50	60	70	80	90	100
	材积(m³)						
170	0.00383	0.00425	0.00510	0.00595	0.00680	0.00765	0.00850
180	0.00405	0.00450	0.00540	0.00630	0.00720	0.00810	0.00900
190	0.00428	0.00475	0.00570	0.00665	0.00760	0.00855	0.00950
200	0.00450	0.00500	0.00600	0.00700	0.00800	0.00900	0.01000
210	0.00473	0.00525	0.00630	0.00735	0.00840	0.00945	0.01050
220	0.00495	0.00550	0.00660	0.00770	0.00880	0.00990	0.01100
230	0.00518	0.00575	0.00690	0.00805	0.00920	0.01035	0.01150
240	0.00540	0.00600	0.00720	0.00840	0.00960	0.01080	0.01200
250	0.00563	0.00625	0.00750	0.00875	0.01000	0.01125	0.01250
260	0.00585	0.00650	0.00780	0.00910	0.01040	0.01170	0.01300
270	0.00608	0.00675	0.00810	0.00945	0.01080	0.01215	0.01350
280	0.00630	0.00700	0.00840	0.00980	0.01120	0.01260	0.01400
290	0.00653	0.00725	0.00870	0.01015	0.01160	0.01305	0.01450
300	0.00675	0.00750	0.00900	0.01050	0.01200	0.01350	0.01500

材长:0.6m

材宽 (mm)	材厚 (mm)							
	12	15	18	21	25	30	35	40
	材积 (m³)							
30	0.00022	0.00027	0.00032	0.00038	0.00045	0.00054	0.00063	0.00072
40	0.00029	0.00036	0.00043	0.00050	0.00060	0.00072	0.00084	0.00096
50	0.00036	0.00045	0.00054	0.00063	0.00075	0.00090	0.00105	0.00120
60	0.00043	0.00054	0.00065	0.00076	0.00090	0.00108	0.00126	0.00144
70	0.00050	0.00063	0.00076	0.00088	0.00105	0.00126	0.00147	0.00168
80	0.00058	0.00072	0.00086	0.00101	0.00120	0.00144	0.00168	0.00192
90	0.00065	0.00081	0.00097	0.00113	0.00135	0.00162	0.00189	0.00216
100	0.00072	0.00090	0.00108	0.00126	0.00150	0.00180	0.00210	0.00240
110	0.00079	0.00099	0.00119	0.00139	0.00165	0.00198	0.00231	0.00264
120	0.00086	0.00108	0.00130	0.00151	0.00180	0.00216	0.00252	0.00288
130	0.00094	0.00117	0.00140	0.00164	0.00195	0.00234	0.00273	0.00312
140	0.00101	0.00126	0.00151	0.00176	0.00210	0.00252	0.00294	0.00336
150	0.00108	0.00135	0.00162	0.00189	0.00225	0.00270	0.00315	0.00360
160	0.00115	0.00144	0.00173	0.00202	0.00240	0.00288	0.00336	0.00384

材长：0.6m

材宽 (mm)	材厚（mm） 材积（m³）							
	12	15	18	21	25	30	35	40
170	0.00122	0.00153	0.00184	0.00214	0.00255	0.00306	0.00357	0.00408
180	0.00130	0.00162	0.00194	0.00227	0.00270	0.00324	0.00378	0.00432
190	0.00137	0.00171	0.00205	0.00239	0.00285	0.00342	0.00399	0.00456
200	0.00144	0.00180	0.00216	0.00252	0.00300	0.00360	0.00420	0.00480
210	0.00151	0.00189	0.00227	0.00265	0.00315	0.00378	0.00441	0.00504
220	0.00158	0.00198	0.00238	0.00277	0.00330	0.00396	0.00462	0.00528
230	0.00166	0.00207	0.00248	0.00290	0.00345	0.00414	0.00483	0.00552
240	0.00173	0.00216	0.00259	0.00302	0.00360	0.00432	0.00504	0.00576
250	0.00180	0.00225	0.00270	0.00315	0.00375	0.00450	0.00525	0.00600
260	0.00187	0.00234	0.00281	0.00328	0.00390	0.00468	0.00546	0.00624
270	0.00194	0.00243	0.00292	0.00340	0.00405	0.00486	0.00567	0.00648
280	0.00202	0.00252	0.00302	0.00353	0.00420	0.00504	0.00588	0.00672
290	0.00209	0.00261	0.00313	0.00365	0.00435	0.00522	0.00609	0.00696
300	0.00216	0.00270	0.00324	0.00378	0.00450	0.00540	0.00630	0.00720

材长:0.6m

材宽 (mm)	材厚 (mm)						
	材积 (m³)						
	45	50	60	70	80	90	100
30	0.00081	0.00090	0.00108	0.00126	0.00144	0.00162	0.00180
40	0.00108	0.00120	0.00144	0.00168	0.00192	0.00216	0.00240
50	0.00135	0.00150	0.00180	0.00210	0.00240	0.00270	0.00300
60	0.00162	0.00180	0.00216	0.00252	0.00288	0.00324	0.00360
70	0.00189	0.00210	0.00252	0.00294	0.00336	0.00378	0.00420
80	0.00216	0.00240	0.00288	0.00336	0.00384	0.00432	0.00480
90	0.00243	0.00270	0.00324	0.00378	0.00432	0.00486	0.00540
100	0.00270	0.00300	0.00360	0.00420	0.00480	0.00540	0.00600
110	0.00297	0.00330	0.00396	0.00462	0.00528	0.00594	0.00660
120	0.00324	0.00360	0.00432	0.00504	0.00576	0.00648	0.00720
130	0.00351	0.00390	0.00468	0.00546	0.00624	0.00702	0.00780
140	0.00378	0.00420	0.00504	0.00588	0.00672	0.00756	0.00840
150	0.00405	0.00450	0.00540	0.00630	0.00720	0.00810	0.00900
160	0.00432	0.00480	0.00576	0.00672	0.00768	0.00864	0.00960

材长:0.6m

材宽(mm)	材厚(mm)						
	45	50	60	70	80	90	100
	材积(m³)						
170	0.00459	0.00510	0.00612	0.00714	0.00816	0.00918	0.01020
180	0.00486	0.00540	0.00648	0.00756	0.00864	0.00972	0.01080
190	0.00513	0.00570	0.00684	0.00798	0.00912	0.01026	0.01140
200	0.00540	0.00600	0.00720	0.00840	0.00960	0.01080	0.01200
210	0.00567	0.00630	0.00756	0.00882	0.01008	0.01134	0.01260
220	0.00594	0.00660	0.00792	0.00924	0.01056	0.01188	0.01320
230	0.00621	0.00690	0.00828	0.00966	0.01104	0.01242	0.01380
240	0.00648	0.00720	0.00864	0.01008	0.01152	0.01296	0.01440
250	0.00675	0.00750	0.00900	0.01050	0.01200	0.01350	0.01500
260	0.00702	0.00780	0.00936	0.01092	0.01248	0.01404	0.01560
270	0.00729	0.00810	0.00972	0.01134	0.01296	0.01458	0.01620
280	0.00756	0.00840	0.01008	0.01176	0.01344	0.01512	0.01680
290	0.00783	0.00870	0.01044	0.01218	0.01392	0.01566	0.01740
300	0.00810	0.00900	0.01080	0.01260	0.01440	0.01620	0.01800

材长:0.7m

材宽 (mm)	材厚(mm)							
	12	15	18	21	25	30	35	40
	材积(m³)							
30	0.00025	0.00032	0.00038	0.00044	0.00053	0.00063	0.00074	0.00084
40	0.00034	0.00042	0.00050	0.00059	0.00070	0.00084	0.00098	0.00112
50	0.00042	0.00053	0.00063	0.00074	0.00088	0.00105	0.00123	0.00140
60	0.00050	0.00063	0.00076	0.00088	0.00105	0.00126	0.00147	0.00168
70	0.00059	0.00074	0.00088	0.00103	0.00123	0.00147	0.00172	0.00196
80	0.00067	0.00084	0.00101	0.00118	0.00140	0.00168	0.00196	0.00224
90	0.00076	0.00095	0.00113	0.00132	0.00158	0.00189	0.00221	0.00252
100	0.00084	0.00105	0.00126	0.00147	0.00175	0.00210	0.00245	0.00280
110	0.00092	0.00116	0.00139	0.00162	0.00193	0.00231	0.00270	0.00308
120	0.00101	0.00126	0.00151	0.00176	0.00210	0.00252	0.00294	0.00336
130	0.00109	0.00137	0.00164	0.00191	0.00228	0.00273	0.00319	0.00364
140	0.00118	0.00147	0.00176	0.00206	0.00245	0.00294	0.00343	0.00392
150	0.00126	0.00158	0.00189	0.00221	0.00263	0.00315	0.00368	0.00420
160	0.00134	0.00168	0.00202	0.00235	0.00280	0.00336	0.00392	0.00448

材长:0.7m

材宽	材厚(mm)							
(mm)	12	15	18	21	25	30	35	40
	材积(m³)							
170	0.00143	0.00179	0.00214	0.00250	0.00298	0.00357	0.00417	0.00476
180	0.00151	0.00189	0.00227	0.00265	0.00315	0.00378	0.00441	0.00504
190	0.00160	0.00200	0.00239	0.00279	0.00333	0.00399	0.00466	0.00532
200	0.00168	0.00210	0.00252	0.00294	0.00350	0.00420	0.00490	0.00560
210	0.00176	0.00221	0.00265	0.00309	0.00368	0.00441	0.00515	0.00588
220	0.00185	0.00231	0.00277	0.00323	0.00385	0.00462	0.00539	0.00616
230	0.00193	0.00242	0.00290	0.00338	0.00403	0.00483	0.00564	0.00644
240	0.00202	0.00252	0.00302	0.00353	0.00420	0.00504	0.00588	0.00672
250	0.00210	0.00263	0.00315	0.00368	0.00438	0.00525	0.00613	0.00700
260	0.00218	0.00273	0.00328	0.00382	0.00455	0.00546	0.00637	0.00728
270	0.00227	0.00284	0.00340	0.00397	0.00473	0.00567	0.00662	0.00756
280	0.00235	0.00294	0.00353	0.00412	0.00490	0.00588	0.00686	0.00784
290	0.00244	0.00305	0.00365	0.00426	0.00508	0.00609	0.00711	0.00812
300	0.00252	0.00315	0.00378	0.00441	0.00525	0.00630	0.00735	0.00840

材长:0.7m

材宽 (mm)	材厚 (mm)							
	材积 (m³)							
	45	50	60	70	80	90	100
30	0.00095	0.00105	0.00126	0.00147	0.00168	0.00189	0.00210
40	0.00126	0.00140	0.00168	0.00196	0.00224	0.00252	0.00280
50	0.00158	0.00175	0.00210	0.00245	0.00280	0.00315	0.00350
60	0.00189	0.00210	0.00252	0.00294	0.00336	0.00378	0.00420
70	0.00221	0.00245	0.00294	0.00343	0.00392	0.00441	0.00490
80	0.00252	0.00280	0.00336	0.00392	0.00448	0.00504	0.00560
90	0.00284	0.00315	0.00378	0.00441	0.00504	0.00567	0.00630
100	0.00315	0.00350	0.00420	0.00490	0.00560	0.00630	0.00700
110	0.00347	0.00385	0.00462	0.00539	0.00616	0.00693	0.00770
120	0.00378	0.00420	0.00504	0.00588	0.00672	0.00756	0.00840
130	0.00410	0.00455	0.00546	0.00637	0.00728	0.00819	0.00910
140	0.00441	0.00490	0.00588	0.00686	0.00784	0.00882	0.00980
150	0.00473	0.00525	0.00630	0.00735	0.00840	0.00945	0.01050
160	0.00504	0.00560	0.00672	0.00784	0.00896	0.01008	0.01120

材长：0.7m

材宽	材厚 (mm)							
(mm)	45	50	60	70	80	90	100
	材积 (m³)							
170	0.00536	0.00595	0.00714	0.00833	0.00952	0.01071	0.01190
180	0.00567	0.00630	0.00756	0.00882	0.01008	0.01134	0.01260
190	0.00599	0.00665	0.00798	0.00931	0.01064	0.01197	0.01330
200	0.00630	0.00700	0.00840	0.00980	0.01120	0.01260	0.01400
210	0.00662	0.00735	0.00882	0.01029	0.01176	0.01323	0.01470
220	0.00693	0.00770	0.00924	0.01078	0.01232	0.01386	0.01540
230	0.00725	0.00805	0.00966	0.01127	0.01288	0.01449	0.01610
240	0.00756	0.00840	0.01008	0.01176	0.01344	0.01512	0.01680
250	0.00788	0.00875	0.01050	0.01225	0.01400	0.01575	0.01750
260	0.00819	0.00910	0.01092	0.01274	0.01456	0.01638	0.01820
270	0.00851	0.00945	0.01134	0.01323	0.01512	0.01701	0.01890
280	0.00882	0.00980	0.01176	0.01372	0.01568	0.01764	0.01960
290	0.00914	0.01015	0.01218	0.01421	0.01624	0.01827	0.02030
300	0.00945	0.01050	0.01260	0.01470	0.01680	0.01890	0.02100

材长：0.8m

材宽 (mm)	材厚 (mm)							
	12	15	18	21	25	30	35	40
	材积 (m³)							
30	0.00029	0.00036	0.00043	0.00050	0.00060	0.00072	0.00084	0.00096
40	0.00038	0.00048	0.00058	0.00067	0.00080	0.00096	0.00112	0.00128
50	0.00048	0.00060	0.00072	0.00084	0.00100	0.00120	0.00140	0.00160
60	0.00058	0.00072	0.00086	0.00101	0.00120	0.00144	0.00168	0.00192
70	0.00067	0.00084	0.00101	0.00118	0.00140	0.00168	0.00196	0.00224
80	0.00077	0.00096	0.00115	0.00134	0.00160	0.00192	0.00224	0.00256
90	0.00086	0.00108	0.00130	0.00151	0.00180	0.00216	0.00252	0.00288
100	0.00096	0.00120	0.00144	0.00168	0.00200	0.00240	0.00280	0.00320
110	0.00106	0.00132	0.00158	0.00185	0.00220	0.00264	0.00308	0.00352
120	0.00115	0.00144	0.00173	0.00202	0.00240	0.00288	0.00336	0.00384
130	0.00125	0.00156	0.00187	0.00218	0.00260	0.00312	0.00364	0.00416
140	0.00134	0.00168	0.00202	0.00235	0.00280	0.00336	0.00392	0.00448
150	0.00144	0.00180	0.00216	0.00252	0.00300	0.00360	0.00420	0.00480
160	0.00154	0.00192	0.00230	0.00269	0.00320	0.00384	0.00448	0.00512

材长:0.8m

材宽 (mm)	材厚 (mm)							
	12	15	18	21	25	30	35	40
	材积 (m³)							
170	0.00163	0.00204	0.00245	0.00286	0.00340	0.00408	0.00476	0.00544
180	0.00173	0.00216	0.00259	0.00302	0.00360	0.00432	0.00504	0.00576
190	0.00182	0.00228	0.00274	0.00319	0.00380	0.00456	0.00532	0.00608
200	0.00192	0.00240	0.00288	0.00336	0.00400	0.00480	0.00560	0.00640
210	0.00202	0.00252	0.00302	0.00353	0.00420	0.00504	0.00588	0.00672
220	0.00211	0.00264	0.00317	0.00370	0.00440	0.00528	0.00616	0.00704
230	0.00221	0.00276	0.00331	0.00386	0.00460	0.00552	0.00644	0.00736
240	0.00230	0.00288	0.00346	0.00403	0.00480	0.00576	0.00672	0.00768
250	0.00240	0.00300	0.00360	0.00420	0.00500	0.00600	0.00700	0.00800
260	0.00250	0.00312	0.00374	0.00437	0.00520	0.00624	0.00728	0.00832
270	0.00259	0.00324	0.00389	0.00454	0.00540	0.00648	0.00756	0.00864
280	0.00269	0.00336	0.00403	0.00470	0.00560	0.00672	0.00784	0.00896
290	0.00278	0.00348	0.00418	0.00487	0.00580	0.00696	0.00812	0.00928
300	0.00288	0.00360	0.00432	0.00504	0.00600	0.00720	0.00840	0.00960

材长：0.8m

材宽 (mm)	材厚 (mm)						
	45	50	60	70	80	90	100
	材积 (m³)						
30	0.00108	0.00120	0.00144	0.00168	0.00192	0.00216	0.00240
40	0.00144	0.00160	0.00192	0.00224	0.00256	0.00288	0.00320
50	0.00180	0.00200	0.00240	0.00280	0.00320	0.00360	0.00400
60	0.00216	0.00240	0.00288	0.00336	0.00384	0.00432	0.00480
70	0.00252	0.00280	0.00336	0.00392	0.00448	0.00504	0.00560
80	0.00288	0.00320	0.00384	0.00448	0.00512	0.00576	0.00640
90	0.00324	0.00360	0.00432	0.00504	0.00576	0.00648	0.00720
100	0.00360	0.00400	0.00480	0.00560	0.00640	0.00720	0.00800
110	0.00396	0.00440	0.00528	0.00616	0.00704	0.00792	0.00880
120	0.00432	0.00480	0.00576	0.00672	0.00768	0.00864	0.00960
130	0.00468	0.00520	0.00624	0.00728	0.00832	0.00936	0.01040
140	0.00504	0.00560	0.00672	0.00784	0.00896	0.01008	0.01120
150	0.00540	0.00600	0.00720	0.00840	0.00960	0.01080	0.01200
160	0.00576	0.00640	0.00768	0.00896	0.01024	0.01152	0.01280

材长：0.8m

材宽(mm)	材厚(mm) 材积(m³)						
	45	50	60	70	80	90	100
170	0.00612	0.00680	0.00816	0.00952	0.01088	0.01224	0.01360
180	0.00648	0.00720	0.00864	0.01008	0.01152	0.01296	0.01440
190	0.00684	0.00760	0.00912	0.01064	0.01216	0.01368	0.01520
200	0.00720	0.00800	0.00960	0.01120	0.01280	0.01440	0.01600
210	0.00756	0.00840	0.01008	0.01176	0.01344	0.01512	0.01680
220	0.00792	0.00880	0.01056	0.01232	0.01408	0.01584	0.01760
230	0.00828	0.00920	0.01104	0.01288	0.01472	0.01656	0.01840
240	0.00864	0.00960	0.01152	0.01344	0.01536	0.01728	0.01920
250	0.00900	0.01000	0.01200	0.01400	0.01600	0.01800	0.02000
260	0.00936	0.01040	0.01248	0.01456	0.01664	0.01872	0.02080
270	0.00972	0.01080	0.01296	0.01512	0.01728	0.01944	0.02160
280	0.01008	0.01120	0.01344	0.01568	0.01792	0.02016	0.02240
290	0.01044	0.01160	0.01392	0.01624	0.01856	0.02088	0.02320
300	0.01080	0.01200	0.01440	0.01680	0.01920	0.02160	0.02400

材长：0.9m

材宽(mm)	材厚(mm) 材积(m³)							
	12	15	18	21	25	30	35	40
30	0.00032	0.00041	0.00049	0.00057	0.00068	0.00081	0.00095	0.00108
40	0.00043	0.00054	0.00065	0.00076	0.00090	0.00108	0.00126	0.00144
50	0.00054	0.00068	0.00081	0.00095	0.00113	0.00135	0.00158	0.00180
60	0.00065	0.00081	0.00097	0.00113	0.00135	0.00162	0.00189	0.00216
70	0.00076	0.00095	0.00113	0.00132	0.00158	0.00189	0.00221	0.00252
80	0.00086	0.00108	0.00130	0.00151	0.00180	0.00216	0.00252	0.00288
90	0.00097	0.00122	0.00146	0.00170	0.00203	0.00243	0.00284	0.00324
100	0.00108	0.00135	0.00162	0.00189	0.00225	0.00270	0.00315	0.00360
110	0.00119	0.00149	0.00178	0.00208	0.00248	0.00297	0.00347	0.00396
120	0.00130	0.00162	0.00194	0.00227	0.00270	0.00324	0.00378	0.00432
130	0.00140	0.00176	0.00211	0.00246	0.00293	0.00351	0.00410	0.00468
140	0.00151	0.00189	0.00227	0.00265	0.00315	0.00378	0.00441	0.00504
150	0.00162	0.00203	0.00243	0.00284	0.00338	0.00405	0.00473	0.00540
160	0.00173	0.00216	0.00259	0.00302	0.00360	0.00432	0.00504	0.00576

材长:0.9m

材宽(mm)	材厚(mm) 材积(m³)							
	12	15	18	21	25	30	35	40
170	0.00184	0.00230	0.00275	0.00321	0.00383	0.00459	0.00536	0.00612
180	0.00194	0.00243	0.00292	0.00340	0.00405	0.00486	0.00567	0.00648
190	0.00205	0.00257	0.00308	0.00359	0.00428	0.00513	0.00599	0.00684
200	0.00216	0.00270	0.00324	0.00378	0.00450	0.00540	0.00630	0.00720
210	0.00227	0.00284	0.00340	0.00397	0.00473	0.00567	0.00662	0.00756
220	0.00238	0.00297	0.00356	0.00416	0.00495	0.00594	0.00693	0.00792
230	0.00248	0.00311	0.00373	0.00435	0.00518	0.00621	0.00725	0.00828
240	0.00259	0.00324	0.00389	0.00454	0.00540	0.00648	0.00756	0.00864
250	0.00270	0.00338	0.00405	0.00473	0.00563	0.00675	0.00788	0.00900
260	0.00281	0.00351	0.00421	0.00491	0.00585	0.00702	0.00819	0.00936
270	0.00292	0.00365	0.00437	0.00510	0.00608	0.00729	0.00851	0.00972
280	0.00302	0.00378	0.00454	0.00529	0.00630	0.00756	0.00882	0.01008
290	0.00313	0.00392	0.00470	0.00548	0.00653	0.00783	0.00914	0.01044
300	0.00324	0.00405	0.00486	0.00567	0.00675	0.00810	0.00945	0.01080

材长:0.9m

材宽 (mm)	材厚 (mm) 材积 (m³)						
	45	50	60	70	80	90	100
30	0.00122	0.00135	0.00162	0.00189	0.00216	0.00243	0.00270
40	0.00162	0.00180	0.00216	0.00252	0.00288	0.00324	0.00360
50	0.00203	0.00225	0.00270	0.00315	0.00360	0.00405	0.00450
60	0.00243	0.00270	0.00324	0.00378	0.00432	0.00486	0.00540
70	0.00284	0.00315	0.00378	0.00441	0.00504	0.00567	0.00630
80	0.00324	0.00360	0.00432	0.00504	0.00576	0.00648	0.00720
90	0.00365	0.00405	0.00486	0.00567	0.00648	0.00729	0.00810
100	0.00405	0.00450	0.00540	0.00630	0.00720	0.00810	0.00900
110	0.00446	0.00495	0.00594	0.00693	0.00792	0.00891	0.00990
120	0.00486	0.00540	0.00648	0.00756	0.00864	0.00972	0.01080
130	0.00527	0.00585	0.00702	0.00819	0.00936	0.01053	0.01170
140	0.00567	0.00630	0.00756	0.00882	0.01008	0.01134	0.01260
150	0.00608	0.00675	0.00810	0.00945	0.01080	0.01215	0.01350
160	0.00648	0.00720	0.00864	0.01008	0.01152	0.01296	0.01440

材长:0.9m

材宽 (mm)	材厚(mm)						
	45	50	60	70	80	90	100
	材积(m³)						
170	0.00689	0.00765	0.00918	0.01071	0.01224	0.01377	0.01530
180	0.00729	0.00810	0.00972	0.01134	0.01296	0.01458	0.01620
190	0.00770	0.00855	0.01026	0.01197	0.01368	0.01539	0.01710
200	0.00810	0.00900	0.01080	0.01260	0.01440	0.01620	0.01800
210	0.00851	0.00945	0.01134	0.01323	0.01512	0.01701	0.01890
220	0.00891	0.00990	0.01188	0.01386	0.01584	0.01782	0.01980
230	0.00932	0.01035	0.01242	0.01449	0.01656	0.01863	0.02070
240	0.00972	0.01080	0.01296	0.01512	0.01728	0.01944	0.02160
250	0.01013	0.01125	0.01350	0.01575	0.01800	0.02025	0.02250
260	0.01053	0.01170	0.01404	0.01638	0.01872	0.02106	0.02340
270	0.01094	0.01215	0.01458	0.01701	0.01944	0.02187	0.02430
280	0.01134	0.01260	0.01512	0.01764	0.02016	0.02268	0.02520
290	0.01175	0.01305	0.01566	0.01827	0.02088	0.02349	0.02610
300	0.01215	0.01350	0.01620	0.01890	0.02160	0.02430	0.02700

材长:1.0m

材宽 (mm)	材厚(mm)							
	材积(m³)							
	12	15	18	21	25	30	35	40
30	0.00036	0.00045	0.00054	0.00063	0.00075	0.00090	0.00105	0.00120
40	0.00048	0.00060	0.00072	0.00084	0.00100	0.00120	0.00140	0.00160
50	0.00060	0.00075	0.00090	0.00105	0.00125	0.00150	0.00175	0.00200
60	0.00072	0.00090	0.00108	0.00126	0.00150	0.00180	0.00210	0.00240
70	0.00084	0.00105	0.00126	0.00147	0.00175	0.00210	0.00245	0.00280
80	0.00096	0.00120	0.00144	0.00168	0.00200	0.00240	0.00280	0.00320
90	0.00108	0.00135	0.00162	0.00189	0.00225	0.00270	0.00315	0.00360
100	0.00120	0.00150	0.00180	0.00210	0.00250	0.00300	0.00350	0.00400
110	0.00132	0.00165	0.00198	0.00231	0.00275	0.00330	0.00385	0.00440
120	0.00144	0.00180	0.00216	0.00252	0.00300	0.00360	0.00420	0.00480
130	0.00156	0.00195	0.00234	0.00273	0.00325	0.00390	0.00455	0.00520
140	0.00168	0.00210	0.00252	0.00294	0.00350	0.00420	0.00490	0.00560
150	0.00180	0.00225	0.00270	0.00315	0.00375	0.00450	0.00525	0.00600
160	0.00192	0.00240	0.00288	0.00336	0.00400	0.00480	0.00560	0.00640

材长:1.0m

材宽(mm)	材厚(mm)							
	材积(m³)							
	12	15	18	21	25	30	35	40
170	0.00204	0.00255	0.00306	0.00357	0.00425	0.00510	0.00595	0.00680
180	0.00216	0.00270	0.00324	0.00378	0.00450	0.00540	0.00630	0.00720
190	0.00228	0.00285	0.00342	0.00399	0.00475	0.00570	0.00665	0.00760
200	0.00240	0.00300	0.00360	0.00420	0.00500	0.00600	0.00700	0.00800
210	0.00252	0.00315	0.00378	0.00441	0.00525	0.00630	0.00735	0.00840
220	0.00264	0.00330	0.00396	0.00462	0.00550	0.00660	0.00770	0.00880
230	0.00276	0.00345	0.00414	0.00483	0.00575	0.00690	0.00805	0.00920
240	0.00288	0.00360	0.00432	0.00504	0.00600	0.00720	0.00840	0.00960
250	0.00300	0.00375	0.00450	0.00525	0.00625	0.00750	0.00875	0.01000
260	0.00312	0.00390	0.00468	0.00546	0.00650	0.00780	0.00910	0.01040
270	0.00324	0.00405	0.00486	0.00567	0.00675	0.00810	0.00945	0.01080
280	0.00336	0.00420	0.00504	0.00588	0.00700	0.00840	0.00980	0.01120
290	0.00348	0.00435	0.00522	0.00609	0.00725	0.00870	0.01015	0.01160
300	0.00360	0.00450	0.00540	0.00630	0.00750	0.00900	0.01050	0.01200

材长:1.0m

材宽 (mm)	材厚 (mm)							
	45	50	60	70	80	90	100
	材积(m³)							
30	0.00135	0.00150	0.00180	0.00210	0.00240	0.00270	0.00300
40	0.00180	0.00200	0.00240	0.00280	0.00320	0.00360	0.00400
50	0.00225	0.00250	0.00300	0.00350	0.00400	0.00450	0.00500
60	0.00270	0.00300	0.00360	0.00420	0.00480	0.00540	0.00600
70	0.00315	0.00350	0.00420	0.00490	0.00560	0.00630	0.00700
80	0.00360	0.00400	0.00480	0.00560	0.00640	0.00720	0.00800
90	0.00405	0.00450	0.00540	0.00630	0.00720	0.00810	0.00900
100	0.00450	0.00500	0.00600	0.00700	0.00800	0.00900	0.01000
110	0.00495	0.00550	0.00660	0.00770	0.00880	0.00990	0.01100
120	0.00540	0.00600	0.00720	0.00840	0.00960	0.01080	0.01200
130	0.00585	0.00650	0.00780	0.00910	0.01040	0.01170	0.01300
140	0.00630	0.00700	0.00840	0.00980	0.01120	0.01260	0.01400
150	0.00675	0.00750	0.00900	0.01050	0.01200	0.01350	0.01500
160	0.00720	0.00800	0.00960	0.01120	0.01280	0.01440	0.01600

材长：1.0m

材宽 (mm)	材厚(mm)						
	45	50	60	70	80	90	100
	材积(m³)						
170	0.00765	0.00850	0.01020	0.01190	0.01360	0.01530	0.01700
180	0.00810	0.00900	0.01080	0.01260	0.01440	0.01620	0.01800
190	0.00855	0.00950	0.01140	0.01330	0.01520	0.01710	0.01900
200	0.00900	0.01000	0.01200	0.01400	0.01600	0.01800	0.02000
210	0.00945	0.01050	0.01260	0.01470	0.01680	0.01890	0.02100
220	0.00990	0.01100	0.01320	0.01540	0.01760	0.01980	0.02200
230	0.01035	0.01150	0.01380	0.01610	0.01840	0.02070	0.02300
240	0.01080	0.01200	0.01440	0.01680	0.01920	0.02160	0.02400
250	0.01125	0.01250	0.01500	0.01750	0.02000	0.02250	0.02500
260	0.01170	0.01300	0.01560	0.01820	0.02080	0.02340	0.02600
270	0.01215	0.01350	0.01620	0.01890	0.02160	0.02430	0.02700
280	0.01260	0.01400	0.01680	0.01960	0.02240	0.02520	0.02800
290	0.01305	0.01450	0.01740	0.02030	0.02320	0.02610	0.02900
300	0.01350	0.01500	0.01800	0.02100	0.02400	0.02700	0.03000

材长:1.1m

材宽 (mm)	材厚(mm)							
	12	15	18	21	25	30	35	40
	材积(m³)							
30	0.00040	0.00050	0.00059	0.00069	0.00083	0.00099	0.00116	0.00132
40	0.00053	0.00066	0.00079	0.00092	0.00110	0.00132	0.00154	0.00176
50	0.00066	0.00083	0.00099	0.00116	0.00138	0.00165	0.00193	0.00220
60	0.00079	0.00099	0.00119	0.00139	0.00165	0.00198	0.00231	0.00264
70	0.00092	0.00116	0.00139	0.00162	0.00193	0.00231	0.00270	0.00308
80	0.00106	0.00132	0.00158	0.00185	0.00220	0.00264	0.00308	0.00352
90	0.00119	0.00149	0.00178	0.00208	0.00248	0.00297	0.00347	0.00396
100	0.00132	0.00165	0.00198	0.00231	0.00275	0.00330	0.00385	0.00440
110	0.00145	0.00182	0.00218	0.00254	0.00303	0.00363	0.00424	0.00484
120	0.00158	0.00198	0.00238	0.00277	0.00330	0.00396	0.00462	0.00528
130	0.00172	0.00215	0.00257	0.00300	0.00358	0.00429	0.00501	0.00572
140	0.00185	0.00231	0.00277	0.00323	0.00385	0.00462	0.00539	0.00616
150	0.00198	0.00248	0.00297	0.00347	0.00413	0.00495	0.00578	0.00660
160	0.00211	0.00264	0.00317	0.00370	0.00440	0.00528	0.00616	0.00704

续表

材长：1.1m

材宽(mm)	材厚(mm) 材积(m³)							
	12	15	18	21	25	30	35	40
170	0.00224	0.00281	0.00337	0.00393	0.00468	0.00561	0.00655	0.00748
180	0.00238	0.00297	0.00356	0.00416	0.00495	0.00594	0.00693	0.00792
190	0.00251	0.00314	0.00376	0.00439	0.00523	0.00627	0.00732	0.00836
200	0.00264	0.00330	0.00396	0.00462	0.00550	0.00660	0.00770	0.00880
210	0.00277	0.00347	0.00416	0.00485	0.00578	0.00693	0.00809	0.00924
220	0.00290	0.00363	0.00436	0.00508	0.00605	0.00726	0.00847	0.00968
230	0.00304	0.00380	0.00455	0.00531	0.00633	0.00759	0.00886	0.01012
240	0.00317	0.00396	0.00475	0.00554	0.00660	0.00792	0.00924	0.01056
250	0.00330	0.00413	0.00495	0.00578	0.00688	0.00825	0.00963	0.01100
260	0.00343	0.00429	0.00515	0.00601	0.00715	0.00858	0.01001	0.01144
270	0.00356	0.00446	0.00535	0.00624	0.00743	0.00891	0.01040	0.01188
280	0.00370	0.00462	0.00554	0.00647	0.00770	0.00924	0.01078	0.01232
290	0.00383	0.00479	0.00574	0.00670	0.00798	0.00957	0.01117	0.01276
300	0.00396	0.00495	0.00594	0.00693	0.00825	0.00990	0.01155	0.01320

材长：1.1m

材宽 (mm)	材厚 (mm) 材积 (m³)						
	45	50	60	70	80	90	100
30	0.00149	0.00165	0.00198	0.00231	0.00264	0.00297	0.00330
40	0.00198	0.00220	0.00264	0.00308	0.00352	0.00396	0.00440
50	0.00248	0.00275	0.00330	0.00385	0.00440	0.00495	0.00550
60	0.00297	0.00330	0.00396	0.00462	0.00528	0.00594	0.00660
70	0.00347	0.00385	0.00462	0.00539	0.00616	0.00693	0.00770
80	0.00396	0.00440	0.00528	0.00616	0.00704	0.00792	0.00880
90	0.00446	0.00495	0.00594	0.00693	0.00792	0.00891	0.00990
100	0.00495	0.00550	0.00660	0.00770	0.00880	0.00990	0.01100
110	0.00545	0.00605	0.00726	0.00847	0.00968	0.01089	0.01210
120	0.00594	0.00660	0.00792	0.00924	0.01056	0.01188	0.01320
130	0.00644	0.00715	0.00858	0.01001	0.01144	0.01287	0.01430
140	0.00693	0.00770	0.00924	0.01078	0.01232	0.01386	0.01540
150	0.00743	0.00825	0.00990	0.01155	0.01320	0.01485	0.01650
160	0.00792	0.00880	0.01056	0.01232	0.01408	0.01584	0.01760

材长:1.1m

材宽 (mm)	材厚 (mm)						
	45	50	60	70	80	90	100
	材积 (m³)						
170	0.00842	0.00935	0.01122	0.01309	0.01496	0.01683	0.01870
180	0.00891	0.00990	0.01188	0.01386	0.01584	0.01782	0.01980
190	0.00941	0.01045	0.01254	0.01463	0.01672	0.01881	0.02090
200	0.00990	0.01100	0.01320	0.01540	0.01760	0.01980	0.02200
210	0.01040	0.01155	0.01386	0.01617	0.01848	0.02079	0.02310
220	0.01089	0.01210	0.01452	0.01694	0.01936	0.02178	0.02420
230	0.01139	0.01265	0.01518	0.01771	0.02024	0.02277	0.02530
240	0.01188	0.01320	0.01584	0.01848	0.02112	0.02376	0.02640
250	0.01238	0.01375	0.01650	0.01925	0.02200	0.02475	0.02750
260	0.01287	0.01430	0.01716	0.02002	0.02288	0.02574	0.02860
270	0.01337	0.01485	0.01782	0.02079	0.02376	0.02673	0.02970
280	0.01386	0.01540	0.01848	0.02156	0.02464	0.02772	0.03080
290	0.01436	0.01595	0.01914	0.02233	0.02552	0.02871	0.03190
300	0.01485	0.01650	0.01980	0.02310	0.02640	0.02970	0.03300

续表

材长:1.2m

材宽(mm)	材厚(mm) 材积(m³)							
	12	15	18	21	25	30	35	40
30	0.00043	0.00054	0.00065	0.00076	0.00090	0.00108	0.00126	0.00144
40	0.00058	0.00072	0.00086	0.00101	0.00120	0.00144	0.00168	0.00192
50	0.00072	0.00090	0.00108	0.00126	0.00150	0.00180	0.00210	0.00240
60	0.00086	0.00108	0.00130	0.00151	0.00180	0.00216	0.00252	0.00288
70	0.00101	0.00126	0.00151	0.00176	0.00210	0.00252	0.00294	0.00336
80	0.00115	0.00144	0.00173	0.00202	0.00240	0.00288	0.00336	0.00384
90	0.00130	0.00162	0.00194	0.00227	0.00270	0.00324	0.00378	0.00432
100	0.00144	0.00180	0.00216	0.00252	0.00300	0.00360	0.00420	0.00480
110	0.00158	0.00198	0.00238	0.00277	0.00330	0.00396	0.00462	0.00528
120	0.00173	0.00216	0.00259	0.00302	0.00360	0.00432	0.00504	0.00576
130	0.00187	0.00234	0.00281	0.00328	0.00390	0.00468	0.00546	0.00624
140	0.00202	0.00252	0.00302	0.00353	0.00420	0.00504	0.00588	0.00672
150	0.00216	0.00270	0.00324	0.00378	0.00450	0.00540	0.00630	0.00720
160	0.00230	0.00288	0.00346	0.00403	0.00480	0.00576	0.00672	0.00768

材长:1.2m

材宽	材厚 (mm)							
(mm)	12	15	18	21	25	30	35	40
	材积(m³)							
170	0.00245	0.00306	0.00367	0.00428	0.00510	0.00612	0.00714	0.00816
180	0.00259	0.00324	0.00389	0.00454	0.00540	0.00648	0.00756	0.00864
190	0.00274	0.00342	0.00410	0.00479	0.00570	0.00684	0.00798	0.00912
200	0.00288	0.00360	0.00432	0.00504	0.00600	0.00720	0.00840	0.00960
210	0.00302	0.00378	0.00454	0.00529	0.00630	0.00756	0.00882	0.01008
220	0.00317	0.00396	0.00475	0.00554	0.00660	0.00792	0.00924	0.01056
230	0.00331	0.00414	0.00497	0.00580	0.00690	0.00828	0.00966	0.01104
240	0.00346	0.00432	0.00518	0.00605	0.00720	0.00864	0.01008	0.01152
250	0.00360	0.00450	0.00540	0.00630	0.00750	0.00900	0.01050	0.01200
260	0.00374	0.00468	0.00562	0.00655	0.00780	0.00936	0.01092	0.01248
270	0.00389	0.00486	0.00583	0.00680	0.00810	0.00972	0.01134	0.01296
280	0.00403	0.00504	0.00605	0.00706	0.00840	0.01008	0.01176	0.01344
290	0.00418	0.00522	0.00626	0.00731	0.00870	0.01044	0.01218	0.01392
300	0.00432	0.00540	0.00648	0.00756	0.00900	0.01080	0.01260	0.01440

材长:1.2m

材宽	材厚(mm)								
(mm)	45	50	60	70	80	90	100		
	材积(m³)								
30	0.00162	0.00180	0.00216	0.00252	0.00288	0.00324	0.00360		
40	0.00216	0.00240	0.00288	0.00336	0.00384	0.00432	0.00480		
50	0.00270	0.00300	0.00360	0.00420	0.00480	0.00540	0.00600		
60	0.00324	0.00360	0.00432	0.00504	0.00576	0.00648	0.00720		
70	0.00378	0.00420	0.00504	0.00588	0.00672	0.00756	0.00840		
80	0.00432	0.00480	0.00576	0.00672	0.00768	0.00864	0.00960		
90	0.00486	0.00540	0.00648	0.00756	0.00864	0.00972	0.01080		
100	0.00540	0.00600	0.00720	0.00840	0.00960	0.01080	0.01200		
110	0.00594	0.00660	0.00792	0.00924	0.01056	0.01188	0.01320		
120	0.00648	0.00720	0.00864	0.01008	0.01152	0.01296	0.01440		
130	0.00702	0.00780	0.00936	0.01092	0.01248	0.01404	0.01560		
140	0.00756	0.00840	0.01008	0.01176	0.01344	0.01512	0.01680		
150	0.00810	0.00900	0.01080	0.01260	0.01440	0.01620	0.01800		
160	0.00864	0.00960	0.01152	0.01344	0.01536	0.01728	0.01920		

材长:1.2m

材宽 (mm)	材厚(mm)						
	45	50	60	70	80	90	100
	材积(m³)						
170	0.00918	0.01020	0.01224	0.01428	0.01632	0.01836	0.02040
180	0.00972	0.01080	0.01296	0.01512	0.01728	0.01944	0.02160
190	0.01026	0.01140	0.01368	0.01596	0.01824	0.02052	0.02280
200	0.01080	0.01200	0.01440	0.01680	0.01920	0.02160	0.02400
210	0.01134	0.01260	0.01512	0.01764	0.02016	0.02268	0.02520
220	0.01188	0.01320	0.01584	0.01848	0.02112	0.02376	0.02640
230	0.01242	0.01380	0.01656	0.01932	0.02208	0.02484	0.02760
240	0.01296	0.01440	0.01728	0.02016	0.02304	0.02592	0.02880
250	0.01350	0.01500	0.01800	0.02100	0.02400	0.02700	0.03000
260	0.01404	0.01560	0.01872	0.02184	0.02496	0.02808	0.03120
270	0.01458	0.01620	0.01944	0.02268	0.02592	0.02916	0.03240
280	0.01512	0.01680	0.02016	0.02352	0.02688	0.03024	0.03360
290	0.01566	0.01740	0.02088	0.02436	0.02784	0.03132	0.03480
300	0.01620	0.01800	0.02160	0.02520	0.02880	0.03240	0.03600

材长:1.3m

材宽 (mm)	材厚 (mm)							
	材积 (m³)							
	12	15	18	21	25	30	35	40
30	0.00047	0.00059	0.00070	0.00082	0.00098	0.00117	0.00137	0.00156
40	0.00062	0.00078	0.00094	0.00109	0.00130	0.00156	0.00182	0.00208
50	0.00078	0.00098	0.00117	0.00137	0.00163	0.00195	0.00228	0.00260
60	0.00094	0.00117	0.00140	0.00164	0.00195	0.00234	0.00273	0.00312
70	0.00109	0.00137	0.00164	0.00191	0.00228	0.00273	0.00319	0.00364
80	0.00125	0.00156	0.00187	0.00218	0.00260	0.00312	0.00364	0.00416
90	0.00140	0.00176	0.00211	0.00246	0.00293	0.00351	0.00410	0.00468
100	0.00156	0.00195	0.00234	0.00273	0.00325	0.00390	0.00455	0.00520
110	0.00172	0.00215	0.00257	0.00300	0.00358	0.00429	0.00501	0.00572
120	0.00187	0.00234	0.00281	0.00328	0.00390	0.00468	0.00546	0.00624
130	0.00203	0.00254	0.00304	0.00355	0.00423	0.00507	0.00592	0.00676
140	0.00218	0.00273	0.00328	0.00382	0.00455	0.00546	0.00637	0.00728
150	0.00234	0.00293	0.00351	0.00410	0.00488	0.00585	0.00683	0.00780
160	0.00250	0.00312	0.00374	0.00437	0.00520	0.00624	0.00728	0.00832

材长:1.3m

材宽 (mm)	材厚(mm)							
	12	15	18	21	25	30	35	40
	材积(m³)							
170	0.00265	0.00332	0.00398	0.00464	0.00553	0.00663	0.00774	0.00884
180	0.00281	0.00351	0.00421	0.00491	0.00585	0.00702	0.00819	0.00936
190	0.00296	0.00371	0.00445	0.00519	0.00618	0.00741	0.00865	0.00988
200	0.00312	0.00390	0.00468	0.00546	0.00650	0.00780	0.00910	0.01040
210	0.00328	0.00410	0.00491	0.00573	0.00683	0.00819	0.00956	0.01092
220	0.00343	0.00429	0.00515	0.00601	0.00715	0.00858	0.01001	0.01144
230	0.00359	0.00449	0.00538	0.00628	0.00748	0.00897	0.01047	0.01196
240	0.00374	0.00468	0.00562	0.00655	0.00780	0.00936	0.01092	0.01248
250	0.00390	0.00488	0.00585	0.00683	0.00813	0.00975	0.01138	0.01300
260	0.00406	0.00507	0.00608	0.00710	0.00845	0.01014	0.01183	0.01352
270	0.00421	0.00527	0.00632	0.00737	0.00878	0.01053	0.01229	0.01404
280	0.00437	0.00546	0.00655	0.00764	0.00910	0.01092	0.01274	0.01456
290	0.00452	0.00566	0.00679	0.00792	0.00943	0.01131	0.01320	0.01508
300	0.00468	0.00585	0.00702	0.00819	0.00975	0.01170	0.01365	0.01560

材长：1.3m

材宽	材厚(mm)						
(mm)	45	50	60	70	80	90	100
	材积(m³)						
30	0.00176	0.00195	0.00234	0.00273	0.00312	0.00351	0.00390
40	0.00234	0.00260	0.00312	0.00364	0.00416	0.00468	0.00520
50	0.00293	0.00325	0.00390	0.00455	0.00520	0.00585	0.00650
60	0.00351	0.00390	0.00468	0.00546	0.00624	0.00702	0.00780
70	0.00410	0.00455	0.00546	0.00637	0.00728	0.00819	0.00910
80	0.00468	0.00520	0.00624	0.00728	0.00832	0.00936	0.01040
90	0.00527	0.00585	0.00702	0.00819	0.00936	0.01053	0.01170
100	0.00585	0.00650	0.00780	0.00910	0.01040	0.01170	0.01300
110	0.00644	0.00715	0.00858	0.01001	0.01144	0.01287	0.01430
120	0.00702	0.00780	0.00936	0.01092	0.01248	0.01404	0.01560
130	0.00761	0.00845	0.01014	0.01183	0.01352	0.01521	0.01690
140	0.00819	0.00910	0.01092	0.01274	0.01456	0.01638	0.01820
150	0.00878	0.00975	0.01170	0.01365	0.01560	0.01755	0.01950
160	0.00936	0.01040	0.01248	0.01456	0.01664	0.01872	0.02080

材长:1.3m

材宽 (mm)	材厚 (mm)						
	45	50	60	70	80	90	100
	材积 (m³)						
170	0.00995	0.01105	0.01326	0.01547	0.01768	0.01989	0.02210
180	0.01053	0.01170	0.01404	0.01638	0.01872	0.02106	0.02340
190	0.01112	0.01235	0.01482	0.01729	0.01976	0.02223	0.02470
200	0.01170	0.01300	0.01560	0.01820	0.02080	0.02340	0.02600
210	0.01229	0.01365	0.01638	0.01911	0.02184	0.02457	0.02730
220	0.01287	0.01430	0.01716	0.02002	0.02288	0.02574	0.02860
230	0.01346	0.01495	0.01794	0.02093	0.02392	0.02691	0.02990
240	0.01404	0.01560	0.01872	0.02184	0.02496	0.02808	0.03120
250	0.01463	0.01625	0.01950	0.02275	0.02600	0.02925	0.03250
260	0.01521	0.01690	0.02028	0.02366	0.02704	0.03042	0.03380
270	0.01580	0.01755	0.02106	0.02457	0.02808	0.03159	0.03510
280	0.01638	0.01820	0.02184	0.02548	0.02912	0.03276	0.03640
290	0.01697	0.01885	0.02262	0.02639	0.03016	0.03393	0.03770
300	0.01755	0.01950	0.02340	0.02730	0.03120	0.03510	0.03900

材长:1.4m

材宽(mm)	材厚(mm)							
	材积(m³)							
	12	15	18	21	25	30	35	40
30	0.00050	0.00063	0.00076	0.00088	0.00105	0.00126	0.00147	0.00168
40	0.00067	0.00084	0.00101	0.00118	0.00140	0.00168	0.00196	0.00224
50	0.00084	0.00105	0.00126	0.00147	0.00175	0.00210	0.00245	0.00280
60	0.00101	0.00126	0.00151	0.00176	0.00210	0.00252	0.00294	0.00336
70	0.00118	0.00147	0.00176	0.00206	0.00245	0.00294	0.00343	0.00392
80	0.00134	0.00168	0.00202	0.00235	0.00280	0.00336	0.00392	0.00448
90	0.00151	0.00189	0.00227	0.00265	0.00315	0.00378	0.00441	0.00504
100	0.00168	0.00210	0.00252	0.00294	0.00350	0.00420	0.00490	0.00560
110	0.00185	0.00231	0.00277	0.00323	0.00385	0.00462	0.00539	0.00616
120	0.00202	0.00252	0.00303	0.00353	0.00420	0.00504	0.00588	0.00672
130	0.00218	0.00273	0.00328	0.00382	0.00455	0.00546	0.00637	0.00728
140	0.00235	0.00294	0.00353	0.00412	0.00490	0.00588	0.00686	0.00784
150	0.00252	0.00315	0.00378	0.00441	0.00525	0.00630	0.00735	0.00840
160	0.00269	0.00336	0.00403	0.00470	0.00560	0.00672	0.00784	0.00896

材长：1.4m

材宽 (mm)	材厚 (mm)								
	12	15	18	21	25	30	35	40
	材积(m³)								
170	0.00286	0.00357	0.00428	0.00500	0.00595	0.00714	0.00833	0.00952
180	0.00302	0.00378	0.00454	0.00529	0.00630	0.00756	0.00882	0.01008
190	0.00319	0.00399	0.00479	0.00559	0.00665	0.00798	0.00931	0.01064
200	0.00336	0.00420	0.00504	0.00588	0.00700	0.00840	0.00980	0.01120
210	0.00353	0.00441	0.00529	0.00617	0.00735	0.00882	0.01029	0.01176
220	0.00370	0.00462	0.00554	0.00647	0.00770	0.00924	0.01078	0.01232
230	0.00386	0.00483	0.00580	0.00676	0.00805	0.00966	0.01127	0.01288
240	0.00403	0.00504	0.00605	0.00706	0.00840	0.01008	0.01176	0.01344
250	0.00420	0.00525	0.00630	0.00735	0.00875	0.01050	0.01225	0.01400
260	0.00437	0.00546	0.00655	0.00764	0.00910	0.01092	0.01274	0.01456
270	0.00454	0.00567	0.00680	0.00794	0.00945	0.01134	0.01323	0.01512
280	0.00470	0.00588	0.00706	0.00823	0.00980	0.01176	0.01372	0.01568
290	0.00487	0.00609	0.00731	0.00853	0.01015	0.01218	0.01421	0.01624
300	0.00504	0.00630	0.00756	0.00882	0.01050	0.01260	0.01470	0.01680

材长：1.4m

材宽 (mm)	材厚 (mm)							
	材积 (m³)							
	45	50	60	70	80	90	100	
30	0.00189	0.00210	0.00252	0.00294	0.00336	0.00378	0.00420	
40	0.00252	0.00280	0.00336	0.00392	0.00448	0.00504	0.00560	
50	0.00315	0.00350	0.00420	0.00490	0.00560	0.00630	0.00700	
60	0.00378	0.00420	0.00504	0.00588	0.00672	0.00756	0.00840	
70	0.00441	0.00490	0.00588	0.00686	0.00784	0.00882	0.00980	
80	0.00504	0.00560	0.00672	0.00784	0.00896	0.01008	0.01120	
90	0.00567	0.00630	0.00756	0.00882	0.01008	0.01134	0.01260	
100	0.00630	0.00700	0.00840	0.00980	0.01120	0.01260	0.01400	
110	0.00693	0.00770	0.00924	0.01078	0.01232	0.01386	0.01540	
120	0.00756	0.00840	0.01008	0.01176	0.01344	0.01512	0.01680	
130	0.00819	0.00910	0.01092	0.01274	0.01456	0.01638	0.01820	
140	0.00882	0.00980	0.01176	0.01372	0.01568	0.01764	0.01960	
150	0.00945	0.01050	0.01260	0.01470	0.01680	0.01890	0.02100	
160	0.01008	0.01120	0.01344	0.01568	0.01792	0.02016	0.02240	

材长：1.4m

材宽 (mm)	材厚 (mm)						
	45	50	60	70	80	90	100
	材积(m³)						
170	0.01071	0.01190	0.01428	0.01666	0.01904	0.02142	0.02380
180	0.01134	0.01260	0.01512	0.01764	0.02016	0.02268	0.02520
190	0.01197	0.01330	0.01596	0.01862	0.02128	0.02394	0.02660
200	0.01260	0.01400	0.01680	0.01960	0.02240	0.02520	0.02800
210	0.01323	0.01470	0.01764	0.02058	0.02352	0.02646	0.02940
220	0.01386	0.01540	0.01848	0.02156	0.02464	0.02772	0.03080
230	0.01449	0.01610	0.01932	0.02254	0.02576	0.02898	0.03220
240	0.01512	0.01680	0.02016	0.02352	0.02688	0.03024	0.03360
250	0.01575	0.01750	0.02100	0.02450	0.02800	0.03150	0.03500
260	0.01638	0.01820	0.02184	0.02548	0.02912	0.03276	0.03640
270	0.01701	0.01890	0.02268	0.02646	0.03024	0.03402	0.03780
280	0.01764	0.01960	0.02352	0.02744	0.03136	0.03528	0.03920
290	0.01827	0.02030	0.02436	0.02842	0.03248	0.03654	0.04060
300	0.01890	0.02100	0.02520	0.02940	0.03360	0.03780	0.04200

材长:1.5m

材宽 (mm)	材厚(mm)								
	12	15	18	21	25	30	35	40
	材积(m³)								
30	0.00054	0.00068	0.00081	0.00095	0.00113	0.00135	0.00158	0.00180
40	0.00072	0.00090	0.00108	0.00126	0.00150	0.00180	0.00210	0.00240
50	0.00090	0.00113	0.00135	0.00158	0.00188	0.00225	0.00263	0.00300
60	0.00108	0.00135	0.00162	0.00189	0.00225	0.00270	0.00315	0.00360
70	0.00126	0.00158	0.00189	0.00221	0.00263	0.00315	0.00368	0.00420
80	0.00144	0.00180	0.00216	0.00252	0.00300	0.00360	0.00420	0.00480
90	0.00162	0.00203	0.00243	0.00284	0.00338	0.00405	0.00473	0.00540
100	0.00180	0.00225	0.00270	0.00315	0.00375	0.00450	0.00525	0.00600
110	0.00198	0.00248	0.00297	0.00347	0.00413	0.00495	0.00578	0.00660
120	0.00216	0.00270	0.00324	0.00378	0.00450	0.00540	0.00630	0.00720
130	0.00234	0.00293	0.00351	0.00410	0.00488	0.00585	0.00683	0.00780
140	0.00252	0.00315	0.00378	0.00441	0.00525	0.00630	0.00735	0.00840
150	0.00270	0.00338	0.00405	0.00473	0.00563	0.00675	0.00788	0.00900
160	0.00288	0.00360	0.00432	0.00504	0.00600	0.00720	0.00840	0.00960

材长:1.5m

材宽 (mm)	材厚(mm)								
	12	15	18	21	25	30	35	40
	材积(m³)								
170	0.00306	0.00383	0.00459	0.00536	0.00638	0.00765	0.00893	0.01020
180	0.00324	0.00405	0.00486	0.00567	0.00675	0.00810	0.00945	0.01080
190	0.00342	0.00428	0.00513	0.00599	0.00713	0.00855	0.00998	0.0114
200	0.00360	0.00450	0.00540	0.00630	0.00750	0.00900	0.01050	0.01200
210	0.00378	0.00473	0.00567	0.00662	0.00788	0.00945	0.01103	0.01260
220	0.00396	0.00495	0.00594	0.00693	0.00825	0.00990	0.01155	0.01320
230	0.00414	0.00518	0.00621	0.00725	0.00863	0.01035	0.01208	0.01380
240	0.00432	0.00540	0.00648	0.00756	0.00900	0.01080	0.01260	0.01440
250	0.00450	0.00563	0.00675	0.00788	0.00938	0.01125	0.01313	0.01500
260	0.00468	0.00585	0.00702	0.00819	0.00975	0.01170	0.01365	0.01560
270	0.00486	0.00608	0.00729	0.00851	0.01013	0.01215	0.01418	0.01620
280	0.00504	0.00630	0.00756	0.00882	0.01050	0.01260	0.01470	0.01680
290	0.00522	0.00653	0.00783	0.00914	0.01088	0.01305	0.01523	0.01740
300	0.00540	0.00675	0.00810	0.00945	0.01125	0.01350	0.01575	0.01800

材长:1.5m

材宽 (mm)	材厚(mm)						
	45	50	60	70	80	90	100
	材积(m³)						
30	0.00203	0.00225	0.00270	0.00315	0.00360	0.00405	0.00450
40	0.00270	0.00300	0.00360	0.00420	0.00480	0.00540	0.00600
50	0.00338	0.00375	0.00450	0.00525	0.00600	0.00675	0.00750
60	0.00405	0.00450	0.00540	0.00630	0.00720	0.00810	0.00900
70	0.00473	0.00525	0.00630	0.00735	0.00840	0.00945	0.01050
80	0.00540	0.00600	0.00720	0.00840	0.00960	0.01080	0.01200
90	0.00608	0.00675	0.00810	0.00945	0.01080	0.01215	0.01350
100	0.00675	0.00750	0.00900	0.01050	0.01200	0.01350	0.01500
110	0.00743	0.00825	0.00990	0.01155	0.01320	0.01485	0.01650
120	0.00810	0.00900	0.01080	0.01260	0.01440	0.01620	0.01800
130	0.00878	0.00975	0.01170	0.01365	0.01560	0.01755	0.01950
140	0.00945	0.01050	0.01260	0.01470	0.01680	0.01890	0.02100
150	0.01013	0.01125	0.01350	0.01575	0.01800	0.02025	0.02250
160	0.01080	0.01200	0.01440	0.01680	0.01920	0.02160	0.02400

材长:1.5m

材宽 (mm)	材厚(mm)						
	45	50	60	70	80	90	100
	材积(m³)						
170	0.01148	0.01275	0.01530	0.01785	0.02040	0.02295	0.02550
180	0.01215	0.01350	0.01620	0.01890	0.02160	0.02430	0.02700
190	0.01283	0.01425	0.01710	0.01995	0.02280	0.02565	0.02850
200	0.01350	0.01500	0.01800	0.02100	0.02400	0.02700	0.03000
210	0.01418	0.01575	0.01890	0.02205	0.02520	0.02835	0.03150
220	0.01485	0.01650	0.01980	0.02310	0.02640	0.02970	0.03300
230	0.01553	0.01725	0.02070	0.02415	0.02760	0.03105	0.03450
240	0.01620	0.01800	0.02160	0.02520	0.02880	0.03240	0.03600
250	0.01688	0.01875	0.02250	0.02625	0.03000	0.03375	0.03750
260	0.01755	0.01950	0.02340	0.02730	0.03120	0.03510	0.03900
270	0.01823	0.02025	0.02430	0.02835	0.03240	0.03645	0.04050
280	0.01890	0.02100	0.02520	0.02940	0.03360	0.03780	0.04200
290	0.01958	0.02175	0.02610	0.03045	0.03480	0.03915	0.04350
300	0.02025	0.02250	0.02700	0.03150	0.03600	0.04050	0.04500

续表

材长:1.6m

材宽(mm)	材厚(mm) 材积(m³)							
	12	15	18	21	25	30	35	40
30	0.00058	0.00072	0.00086	0.00101	0.00120	0.00144	0.00168	0.00192
40	0.00077	0.00096	0.00115	0.00134	0.00160	0.00192	0.00224	0.00256
50	0.00096	0.00120	0.00144	0.00168	0.00200	0.00240	0.00280	0.00320
60	0.00115	0.00144	0.00173	0.00202	0.00240	0.00288	0.00336	0.00384
70	0.00134	0.00168	0.00202	0.00235	0.00280	0.00336	0.00392	0.00448
80	0.00154	0.00192	0.00230	0.00269	0.00320	0.00384	0.00448	0.00512
90	0.00173	0.00216	0.00259	0.00302	0.00360	0.00432	0.00504	0.00576
100	0.00192	0.00240	0.00288	0.00336	0.00400	0.00480	0.00560	0.00640
110	0.00211	0.00264	0.00317	0.00370	0.00440	0.00528	0.00616	0.00704
120	0.00230	0.00288	0.00346	0.00403	0.00480	0.00576	0.00672	0.00768
130	0.00250	0.00312	0.00374	0.00437	0.00520	0.00624	0.00728	0.00832
140	0.00269	0.00336	0.00403	0.00470	0.00560	0.00672	0.00784	0.00896
150	0.00288	0.00360	0.00432	0.00504	0.00600	0.00720	0.00840	0.00960
160	0.00307	0.00384	0.00461	0.00538	0.00640	0.00768	0.00896	0.01024

材长:1.6m

材宽 (mm)	材厚(mm)							
	12	15	18	21	25	30	35	40
	材积(m³)							
170	0.00326	0.00408	0.00490	0.00571	0.00680	0.00816	0.00952	0.01088
180	0.00346	0.00432	0.00518	0.00605	0.00720	0.00864	0.01008	0.01152
190	0.00365	0.00456	0.00547	0.00638	0.00760	0.00912	0.01064	0.01216
200	0.00384	0.00480	0.00576	0.00672	0.00800	0.00960	0.01120	0.01280
210	0.00403	0.00504	0.00605	0.00706	0.00840	0.01008	0.01176	0.01344
220	0.00422	0.00528	0.00634	0.00739	0.00880	0.01056	0.01232	0.01408
230	0.00442	0.00552	0.00662	0.00773	0.00920	0.01104	0.01288	0.01472
240	0.00461	0.00576	0.00691	0.00806	0.00960	0.01152	0.01344	0.01536
250	0.00480	0.00600	0.00720	0.00840	0.01000	0.01200	0.01400	0.01600
260	0.00499	0.00624	0.00749	0.00874	0.01040	0.01248	0.01456	0.01664
270	0.00518	0.00648	0.00778	0.00907	0.01080	0.01296	0.01512	0.01728
280	0.00538	0.00672	0.00806	0.00941	0.01120	0.01344	0.01568	0.01792
290	0.00557	0.00696	0.00835	0.00974	0.01160	0.01392	0.01624	0.01856
300	0.00576	0.00720	0.00864	0.01008	0.01200	0.01440	0.01680	0.01920

材长:1.6m

材宽 (mm)	材厚(mm)						
	45	50	60	70	80	90	100
	材积(m³)						
30	0.00216	0.00240	0.00288	0.00336	0.00384	0.00432	0.00480
40	0.00288	0.00320	0.00384	0.00448	0.00512	0.00576	0.00640
50	0.00360	0.00400	0.00480	0.00560	0.00640	0.00720	0.00800
60	0.00432	0.00480	0.00576	0.00672	0.00768	0.00864	0.00960
70	0.00504	0.00560	0.00672	0.00784	0.00896	0.01008	0.01120
80	0.00576	0.00640	0.00768	0.00896	0.01024	0.01152	0.01280
90	0.00648	0.00720	0.00864	0.01008	0.01152	0.01296	0.01440
100	0.00720	0.00800	0.00960	0.01120	0.01280	0.01440	0.01600
110	0.00792	0.00880	0.01056	0.01232	0.01408	0.01584	0.01760
120	0.00864	0.00960	0.01152	0.01344	0.01536	0.01728	0.01920
130	0.00936	0.01040	0.01248	0.01456	0.01664	0.01872	0.02080
140	0.01008	0.01120	0.01344	0.01568	0.01792	0.02016	0.02240
150	0.01080	0.01200	0.01440	0.01680	0.01920	0.02160	0.02400
160	0.01152	0.01280	0.01536	0.01792	0.02048	0.02304	0.02560

材长：1.6m

材宽 (mm)	材厚(mm)						
	45	50	60	70	80	90	100
	材积(m³)						
170	0.01224	0.01360	0.01632	0.01904	0.02176	0.02448	0.02720
180	0.01296	0.01440	0.01728	0.02016	0.02304	0.02592	0.02880
190	0.01368	0.01520	0.01824	0.02128	0.02432	0.02736	0.03040
200	0.01440	0.01600	0.01920	0.02240	0.02560	0.02880	0.03200
210	0.01512	0.01680	0.02016	0.02352	0.02688	0.03024	0.03360
220	0.01584	0.01760	0.02112	0.02464	0.02816	0.03168	0.03520
230	0.01656	0.01840	0.02208	0.02576	0.02944	0.03312	0.03680
240	0.01728	0.01920	0.02304	0.02688	0.03072	0.03456	0.03840
250	0.01800	0.02000	0.02400	0.02800	0.03200	0.03600	0.04000
260	0.01872	0.02080	0.02496	0.02912	0.03328	0.03744	0.04160
270	0.01944	0.02160	0.02592	0.03024	0.03456	0.03888	0.04320
280	0.02016	0.02240	0.02688	0.03136	0.03584	0.04032	0.04480
290	0.02088	0.02320	0.02784	0.03248	0.03712	0.04176	0.04640
300	0.02160	0.02400	0.02880	0.03360	0.03840	0.04320	0.04800

材长:1.7m

材宽 (mm)	材厚(mm)							
	材积(m³)							
	12	15	18	21	25	30	35	40
30	0.00061	0.00077	0.00092	0.00107	0.00128	0.00153	0.00179	0.00204
40	0.00082	0.00102	0.00122	0.00143	0.00170	0.00204	0.00238	0.00272
50	0.00102	0.00128	0.00153	0.00179	0.00213	0.00255	0.00298	0.00340
60	0.00122	0.00153	0.00184	0.00214	0.00255	0.00306	0.00357	0.00408
70	0.00143	0.00179	0.00214	0.00250	0.00298	0.00357	0.00417	0.00476
80	0.00163	0.00204	0.00245	0.00286	0.00340	0.00408	0.00476	0.00544
90	0.00184	0.00230	0.00275	0.00321	0.00383	0.00459	0.00536	0.00612
100	0.00204	0.00255	0.00306	0.00357	0.00425	0.00510	0.00595	0.00680
110	0.00224	0.00281	0.00337	0.00393	0.00468	0.00561	0.00655	0.00748
120	0.00245	0.00306	0.00367	0.00428	0.00510	0.00612	0.00714	0.00816
130	0.00265	0.00332	0.00398	0.00464	0.00553	0.00663	0.00774	0.00884
140	0.00286	0.00357	0.00428	0.00500	0.00595	0.00714	0.00833	0.00952
150	0.00306	0.00383	0.00459	0.00536	0.00638	0.00765	0.00893	0.01020
160	0.00326	0.00408	0.00490	0.00571	0.00680	0.00816	0.00952	0.01088

材长:1.7m

材宽 (mm)	材厚(mm)							
	12	15	18	21	25	30	35	40
	材积(m³)							
170	0.00347	0.00434	0.00520	0.00607	0.00723	0.00867	0.01012	0.01156
180	0.00367	0.00459	0.00551	0.00643	0.00765	0.00918	0.01071	0.01224
190	0.00388	0.00485	0.00581	0.00678	0.00808	0.00969	0.01131	0.01292
200	0.00408	0.00510	0.00612	0.00714	0.00850	0.01020	0.01190	0.01360
210	0.00428	0.00536	0.00643	0.00750	0.00893	0.01071	0.01250	0.01428
220	0.00449	0.00561	0.00673	0.00785	0.00935	0.01122	0.01309	0.01496
230	0.00469	0.00587	0.00704	0.00821	0.00978	0.01173	0.01369	0.01564
240	0.00490	0.00612	0.00734	0.00857	0.01020	0.01224	0.01428	0.01632
250	0.00510	0.00638	0.00765	0.00893	0.01063	0.01275	0.01488	0.01700
260	0.00530	0.00663	0.00796	0.00928	0.01105	0.01326	0.01547	0.01768
270	0.00551	0.00689	0.00826	0.00964	0.01148	0.01377	0.01607	0.01836
280	0.00571	0.00714	0.00857	0.01000	0.01190	0.01428	0.01666	0.01904
290	0.00592	0.00740	0.00887	0.01035	0.01233	0.01479	0.01726	0.01972
300	0.00612	0.00765	0.00918	0.01071	0.01275	0.01530	0.01785	0.02040

材长：1.7m

材宽 (mm)	材厚 (mm)						
	45	50	60	70	80	90	100
	材积 (m³)						
30	0.00230	0.00255	0.00306	0.00357	0.00408	0.00459	0.00510
40	0.00306	0.00340	0.00408	0.00476	0.00544	0.00612	0.00680
50	0.00383	0.00425	0.00510	0.00595	0.00680	0.00765	0.00850
60	0.00459	0.00510	0.00612	0.00714	0.00816	0.00918	0.01020
70	0.00536	0.00595	0.00714	0.00833	0.00952	0.01071	0.01190
80	0.00612	0.00680	0.00816	0.00952	0.01088	0.01224	0.01360
90	0.00689	0.00765	0.00918	0.01071	0.01224	0.01377	0.01530
100	0.00765	0.00850	0.01020	0.01190	0.01360	0.01530	0.01700
110	0.00842	0.00935	0.01122	0.01309	0.01496	0.01683	0.01870
120	0.00918	0.01020	0.01224	0.01428	0.01632	0.01836	0.02040
130	0.00995	0.01105	0.01326	0.01547	0.01768	0.01989	0.02210
140	0.01071	0.01190	0.01428	0.01666	0.01904	0.02142	0.02380
150	0.01148	0.01275	0.01530	0.01785	0.02040	0.02295	0.02550
160	0.01224	0.01360	0.01632	0.01904	0.02176	0.02448	0.02720

材长:1.7m

材宽(mm)	材厚(mm)						
	45	50	60	70	80	90	100
	材积(m³)						
170	0.01301	0.01445	0.01734	0.02023	0.02312	0.02601	0.02890
180	0.01377	0.01530	0.01836	0.02142	0.02448	0.02754	0.03060
190	0.01454	0.01615	0.01938	0.02261	0.02584	0.02907	0.03230
200	0.01530	0.01700	0.02040	0.02380	0.02720	0.03060	0.03400
210	0.01607	0.01785	0.02142	0.02499	0.02856	0.03213	0.03570
220	0.01683	0.01870	0.02244	0.02618	0.02992	0.03366	0.03740
230	0.01760	0.01955	0.02346	0.02737	0.03128	0.03519	0.03910
240	0.01836	0.02040	0.02448	0.02856	0.03264	0.03672	0.04080
250	0.01913	0.02125	0.02550	0.02975	0.03400	0.03825	0.04250
260	0.01989	0.02210	0.02652	0.03094	0.03536	0.03978	0.04420
270	0.02066	0.02295	0.02754	0.03213	0.03672	0.04131	0.04590
280	0.02142	0.02380	0.02856	0.03332	0.03808	0.04284	0.04760
290	0.02219	0.02465	0.02958	0.03451	0.03944	0.04437	0.04930
300	0.02295	0.02550	0.03060	0.03570	0.04080	0.04590	0.05100

材长：1.8m

材宽 (mm)	材厚 (mm) 材积(m³)								
	12	15	18	21	25	30	35	40
30	0.00065	0.00081	0.00097	0.00113	0.00135	0.00162	0.00189	0.00216
40	0.00086	0.00108	0.00130	0.00151	0.00180	0.00216	0.00252	0.00288
50	0.00108	0.00135	0.00162	0.00189	0.00225	0.00270	0.00315	0.00360
60	0.00130	0.00162	0.00194	0.00227	0.00270	0.00324	0.00378	0.00432
70	0.00151	0.00189	0.00227	0.00265	0.00315	0.00378	0.00441	0.00504
80	0.00173	0.00216	0.00259	0.00302	0.00360	0.00432	0.00504	0.00576
90	0.00194	0.00243	0.00292	0.00340	0.00405	0.00486	0.00567	0.00648
100	0.00216	0.00270	0.00324	0.00378	0.00450	0.00540	0.00630	0.00720
110	0.00238	0.00297	0.00356	0.00416	0.00495	0.00594	0.00693	0.00792
120	0.00259	0.00324	0.00389	0.00454	0.00540	0.00648	0.00756	0.00864
130	0.00281	0.00351	0.00421	0.00491	0.00585	0.00702	0.00819	0.00936
140	0.00302	0.00378	0.00454	0.00529	0.00630	0.00756	0.00882	0.01008
150	0.00324	0.00405	0.00486	0.00567	0.00675	0.00810	0.00945	0.01080
160	0.00346	0.00432	0.00518	0.00605	0.00720	0.00864	0.01008	0.01152

材长:1.8m

材宽 (mm)	材厚(mm)							
	12	15	18	21	25	30	35	40
	材积(m³)							
170	0.00367	0.00459	0.00551	0.00643	0.00765	0.00918	0.01071	0.01224
180	0.00389	0.00486	0.00583	0.00680	0.00810	0.00972	0.01134	0.01296
190	0.00410	0.00513	0.00616	0.00718	0.00855	0.01026	0.01197	0.01368
200	0.00432	0.00540	0.00648	0.00756	0.00900	0.01080	0.01260	0.01440
210	0.00454	0.00567	0.00680	0.00794	0.00945	0.01134	0.01323	0.01512
220	0.00475	0.00594	0.00713	0.00832	0.00990	0.01188	0.01386	0.01584
230	0.00497	0.00621	0.00745	0.00869	0.01035	0.01242	0.01449	0.01656
240	0.00518	0.00648	0.00778	0.00907	0.01080	0.01296	0.01512	0.01728
250	0.00540	0.00675	0.00810	0.00945	0.01125	0.01350	0.01575	0.01800
260	0.00562	0.00702	0.00842	0.00983	0.01170	0.01404	0.01638	0.01872
270	0.00583	0.00729	0.00875	0.01021	0.01215	0.01458	0.01701	0.01944
280	0.00605	0.00756	0.00907	0.01058	0.01260	0.01512	0.01764	0.02016
290	0.00626	0.00783	0.00940	0.01096	0.01305	0.01566	0.01827	0.02088
300	0.00648	0.00810	0.00972	0.01134	0.01350	0.01620	0.01890	0.02160

材长:1.8m

材宽	材厚 (mm)						
(mm)	45	50	60	70	80	90	100
	材积 (m³)						
30	0.00243	0.00270	0.00324	0.00378	0.00432	0.00486	0.00540
40	0.00324	0.00360	0.00432	0.00504	0.00576	0.00648	0.00720
50	0.00405	0.00450	0.00540	0.00630	0.00720	0.00810	0.00900
60	0.00486	0.00540	0.00648	0.00756	0.00864	0.00972	0.01080
70	0.00567	0.00630	0.00756	0.00882	0.01008	0.01134	0.01260
80	0.00648	0.00720	0.00864	0.01008	0.01152	0.01296	0.01440
90	0.00729	0.00810	0.00972	0.01134	0.01296	0.01458	0.01620
100	0.00810	0.00900	0.01080	0.01260	0.01440	0.01620	0.01800
110	0.00891	0.00990	0.01188	0.01386	0.01584	0.01782	0.01980
120	0.00972	0.01080	0.01296	0.01512	0.01728	0.01944	0.02160
130	0.01053	0.01170	0.01404	0.01638	0.01872	0.02106	0.02340
140	0.01134	0.01260	0.01512	0.01764	0.02016	0.02268	0.02520
150	0.01215	0.01350	0.01620	0.01890	0.02160	0.02430	0.02700
160	0.01296	0.01440	0.01728	0.02016	0.02304	0.02592	0.02880

材长:1.8m

材宽(mm)	材厚(mm)						
	45	50	60	70	80	90	100
	材积(m³)						
170	0.01377	0.01530	0.01836	0.02142	0.02448	0.02754	0.03060
180	0.01458	0.01620	0.01944	0.02268	0.02592	0.02916	0.03240
190	0.01539	0.01710	0.02052	0.02394	0.02736	0.03078	0.03420
200	0.01620	0.01800	0.02160	0.02520	0.02880	0.03240	0.03600
210	0.01701	0.01890	0.02268	0.02646	0.03024	0.03402	0.03780
220	0.01782	0.01980	0.02376	0.02772	0.03168	0.03564	0.03960
230	0.01863	0.02070	0.02484	0.02898	0.03312	0.03726	0.04140
240	0.01944	0.02160	0.02592	0.03024	0.03456	0.03888	0.04320
250	0.02025	0.02250	0.02700	0.03150	0.03600	0.04050	0.04500
260	0.02106	0.02340	0.02808	0.03276	0.03744	0.04212	0.04680
270	0.02187	0.02430	0.02916	0.03402	0.03888	0.04374	0.04860
280	0.02268	0.02520	0.03024	0.03528	0.04032	0.04536	0.05040
290	0.02349	0.02610	0.03132	0.03654	0.04176	0.04698	0.05220
300	0.02430	0.02700	0.03240	0.03780	0.04320	0.04860	0.05400

材长:1.9m

材宽(mm)	材厚(mm)							
	材积(m³)							
	12	15	18	21	25	30	35	40
30	0.00068	0.00086	0.00103	0.00120	0.00143	0.00171	0.00200	0.00228
40	0.00091	0.00114	0.00137	0.00160	0.00190	0.00228	0.00266	0.00304
50	0.00114	0.00143	0.00171	0.00200	0.00238	0.00285	0.00333	0.00380
60	0.00137	0.00171	0.00205	0.00239	0.00285	0.00342	0.00399	0.00456
70	0.00160	0.00200	0.00239	0.00279	0.00333	0.00399	0.00466	0.00532
80	0.00182	0.00228	0.00274	0.00319	0.00380	0.00456	0.00532	0.00608
90	0.00205	0.00257	0.00308	0.00359	0.00428	0.00513	0.00599	0.00684
100	0.00228	0.00285	0.00342	0.00399	0.00475	0.00570	0.00665	0.00760
110	0.00251	0.00314	0.00376	0.00439	0.00523	0.00627	0.00732	0.00836
120	0.00274	0.00342	0.00410	0.00479	0.00570	0.00684	0.00798	0.00912
130	0.00296	0.00371	0.00445	0.00519	0.00618	0.00741	0.00865	0.00988
140	0.00319	0.00399	0.00479	0.00559	0.00665	0.00798	0.00931	0.01064
150	0.00342	0.00428	0.00513	0.00599	0.00713	0.00855	0.00998	0.01140
160	0.00365	0.00456	0.00547	0.00638	0.00760	0.00912	0.01064	0.01216

材长:1.9m

材宽(mm)	材厚(mm)							
	12	15	18	21	25	30	35	40
	材积(m³)							
170	0.00388	0.00485	0.00581	0.00678	0.00808	0.00969	0.01131	0.01292
180	0.00410	0.00513	0.00616	0.00718	0.00855	0.01026	0.01197	0.01368
190	0.00433	0.00542	0.00650	0.00758	0.00903	0.01083	0.01264	0.01444
200	0.00456	0.00570	0.00684	0.00798	0.00950	0.01140	0.01330	0.01520
210	0.00479	0.00599	0.00718	0.00838	0.00998	0.01197	0.01397	0.01596
220	0.00502	0.00627	0.00752	0.00878	0.01045	0.01254	0.01463	0.01672
230	0.00524	0.00656	0.00787	0.00918	0.01093	0.01311	0.01530	0.01748
240	0.00547	0.00684	0.00821	0.00958	0.01140	0.01368	0.01596	0.01824
250	0.00570	0.00713	0.00855	0.00998	0.01188	0.01425	0.01663	0.01900
260	0.00593	0.00741	0.00889	0.01037	0.01235	0.01482	0.01729	0.01976
270	0.00616	0.00770	0.00923	0.01077	0.01283	0.01539	0.01796	0.02052
280	0.00638	0.00798	0.00958	0.01117	0.01330	0.01596	0.01862	0.02128
290	0.00661	0.00827	0.00992	0.01157	0.01378	0.01653	0.01929	0.02204
300	0.00684	0.00855	0.01026	0.01197	0.01425	0.01710	0.01995	0.02280

材长：1.9m

材宽 (mm)	材厚 (mm) 材积 (m³)						
	45	50	60	70	80	90	100
30	0.00257	0.00285	0.00342	0.00399	0.00456	0.00513	0.00570
40	0.00342	0.00380	0.00456	0.00532	0.00608	0.00684	0.00760
50	0.00428	0.00475	0.00570	0.00665	0.00760	0.00855	0.00950
60	0.00513	0.00570	0.00684	0.00798	0.00912	0.01026	0.01140
70	0.00599	0.00665	0.00798	0.00931	0.01064	0.01197	0.01330
80	0.00684	0.00760	0.00912	0.01064	0.01216	0.01368	0.01520
90	0.00770	0.00855	0.01026	0.01197	0.01368	0.01539	0.01710
100	0.00855	0.00950	0.01140	0.01330	0.01520	0.01710	0.01900
110	0.00941	0.01045	0.01254	0.01463	0.01672	0.01881	0.02090
120	0.01026	0.01140	0.01368	0.01596	0.01824	0.02052	0.02280
130	0.01112	0.01235	0.01482	0.01729	0.01976	0.02223	0.02470
140	0.01197	0.01330	0.01596	0.01862	0.02128	0.02394	0.02660
150	0.01283	0.01425	0.01710	0.01995	0.02280	0.02565	0.02850
160	0.01368	0.01520	0.01824	0.02128	0.02432	0.02736	0.03040

材长:1.9m

材宽	材厚(mm)						
(mm)	45	50	60	70	80	90	100
	材积(m³)						
170	0.01454	0.01615	0.01938	0.02261	0.02584	0.02907	0.03230
180	0.01539	0.01710	0.02052	0.02394	0.02736	0.03078	0.03420
190	0.01625	0.01805	0.02166	0.02527	0.02888	0.03249	0.03610
200	0.01710	0.01900	0.02280	0.02660	0.03040	0.03420	0.03800
210	0.01796	0.01995	0.02394	0.02793	0.03192	0.03591	0.03990
220	0.01881	0.02090	0.02508	0.02926	0.03344	0.03762	0.04180
230	0.01967	0.02185	0.02622	0.03059	0.03496	0.03933	0.04370
240	0.02052	0.02280	0.02736	0.03192	0.03648	0.04104	0.04560
250	0.02138	0.02375	0.02850	0.03325	0.03800	0.04275	0.04750
260	0.02223	0.02470	0.02964	0.03458	0.03952	0.04446	0.04940
270	0.02309	0.02565	0.03078	0.03591	0.04104	0.04617	0.05130
280	0.02394	0.02660	0.03192	0.03724	0.04256	0.04788	0.05320
290	0.02480	0.02755	0.03306	0.03857	0.04408	0.04959	0.05510
300	0.02565	0.02850	0.03420	0.03990	0.04560	0.05130	0.05700

材长:2.0m

材宽 (mm)	材厚 (mm) 材积 (m³)							
	12	15	18	21	25	30	35	40
30	0.0007	0.0009	0.0011	0.0013	0.0015	0.0018	0.0021	0.0024
40	0.0010	0.0012	0.0014	0.0017	0.0020	0.0024	0.0028	0.0032
50	0.0012	0.0015	0.0018	0.0021	0.0025	0.0030	0.0035	0.0040
60	0.0014	0.0018	0.0022	0.0025	0.0030	0.0036	0.0042	0.0048
70	0.0017	0.0021	0.0025	0.0029	0.0035	0.0042	0.0049	0.0056
80	0.0019	0.0024	0.0029	0.0034	0.0040	0.0048	0.0056	0.0064
90	0.0022	0.0027	0.0032	0.0038	0.0045	0.0054	0.0063	0.0072
100	0.0024	0.0030	0.0036	0.0042	0.0050	0.0060	0.0070	0.0080
110	0.0026	0.0033	0.0040	0.0046	0.0055	0.0066	0.0077	0.0088
120	0.0029	0.0036	0.0043	0.0050	0.0060	0.0072	0.0084	0.0096
130	0.0031	0.0039	0.0047	0.0055	0.0065	0.0078	0.0091	0.0104
140	0.0034	0.0042	0.0050	0.0059	0.0070	0.0084	0.0098	0.0112
150	0.0036	0.0045	0.0054	0.0063	0.0075	0.0090	0.0105	0.0120
160	0.0038	0.0048	0.0058	0.0067	0.0080	0.0096	0.0112	0.0128

材长:2.0m

材宽 (mm)	材厚(mm)							
	12	15	18	21	25	30	35	40
	材积(m³)							
170	0.0041	0.0051	0.0061	0.0071	0.0085	0.0102	0.0119	0.0136
180	0.0043	0.0054	0.0065	0.0076	0.0090	0.0108	0.0126	0.0144
190	0.0046	0.0057	0.0068	0.0080	0.0095	0.0114	0.0133	0.0152
200	0.0048	0.0060	0.0072	0.0084	0.0100	0.0120	0.0140	0.0160
210	0.0050	0.0063	0.0076	0.0088	0.0105	0.0126	0.0147	0.0168
220	0.0053	0.0066	0.0079	0.0092	0.0110	0.0132	0.0154	0.0176
230	0.0055	0.0069	0.0083	0.0097	0.0115	0.0138	0.0161	0.0184
240	0.0058	0.0072	0.0086	0.0101	0.0120	0.0144	0.0168	0.0192
250	0.0060	0.0075	0.0090	0.0105	0.0125	0.0150	0.0175	0.0200
260	0.0062	0.0078	0.0094	0.0109	0.0130	0.0156	0.0182	0.0208
270	0.0065	0.0081	0.0097	0.0113	0.0135	0.0162	0.0189	0.0216
280	0.0067	0.0084	0.0101	0.0118	0.0140	0.0168	0.0196	0.0224
290	0.0070	0.0087	0.0104	0.0122	0.0145	0.0174	0.0203	0.0232
300	0.0072	0.0090	0.0108	0.0126	0.0150	0.0180	0.0210	0.0240

材长:2.0m

材宽(mm)	材厚(mm) 材积(m³)						
	45	50	60	70	80	90	100
30	0.0027	0.0030	0.0036	0.0042	0.0048	0.0054	0.0060
40	0.0036	0.0040	0.0048	0.0056	0.0064	0.0072	0.0080
50	0.0045	0.0050	0.0060	0.0070	0.0080	0.0090	0.0100
60	0.0054	0.0060	0.0072	0.0084	0.0096	0.0108	0.0120
70	0.0063	0.0070	0.0084	0.0098	0.0112	0.0126	0.0140
80	0.0072	0.0080	0.0096	0.0112	0.0128	0.0144	0.0160
90	0.0081	0.0090	0.0108	0.0126	0.0144	0.0162	0.0180
100	0.0090	0.0100	0.0120	0.0140	0.0160	0.0180	0.0200
110	0.0099	0.0110	0.0132	0.0154	0.0176	0.0198	0.0220
120	0.0108	0.0120	0.0144	0.0168	0.0192	0.0216	0.0240
130	0.0117	0.0130	0.0156	0.0182	0.0208	0.0234	0.0260
140	0.0126	0.0140	0.0168	0.0196	0.0224	0.0252	0.0280
150	0.0135	0.0150	0.0180	0.0210	0.0240	0.0270	0.0300
160	0.0144	0.0160	0.0192	0.0224	0.0256	0.0288	0.0320

材长：2.0m

材宽 (mm)	材厚 (mm)						
	45	50	60	70	80	90	100
	材积 (m³)						
170	0.0153	0.0170	0.0204	0.0238	0.0272	0.0306	0.0340
180	0.0162	0.0180	0.0216	0.0252	0.0288	0.0324	0.0360
190	0.0171	0.0190	0.0228	0.0266	0.0304	0.0342	0.0380
200	0.0180	0.0200	0.0240	0.0280	0.0320	0.0360	0.0400
210	0.0189	0.0210	0.0252	0.0294	0.0336	0.0378	0.0420
220	0.0198	0.0220	0.0264	0.0308	0.0352	0.0396	0.0440
230	0.0207	0.0230	0.0276	0.0322	0.0368	0.0414	0.0460
240	0.0216	0.0240	0.0288	0.0336	0.0384	0.0432	0.0480
250	0.0225	0.0250	0.0300	0.0350	0.0400	0.0450	0.0500
260	0.0234	0.0260	0.0312	0.0364	0.0416	0.0468	0.0520
270	0.0243	0.0270	0.0324	0.0378	0.0432	0.0486	0.0540
280	0.0252	0.0280	0.0336	0.0392	0.0448	0.0504	0.0560
290	0.0261	0.0290	0.0348	0.0406	0.0464	0.0522	0.0580
300	0.0270	0.0300	0.0360	0.0420	0.0480	0.0540	0.0600

材长:2.2m

材宽 (mm)	材厚 (mm) 材积 (m³)							
	12	15	18	21	25	30	35	40
30	0.0008	0.0010	0.0012	0.0014	0.0017	0.0020	0.0023	0.0026
40	0.0011	0.0013	0.0016	0.0018	0.0022	0.0026	0.0031	0.0035
50	0.0013	0.0017	0.0020	0.0023	0.0028	0.0033	0.0039	0.0044
60	0.0016	0.0020	0.0024	0.0028	0.0033	0.0040	0.0046	0.0053
70	0.0018	0.0023	0.0028	0.0032	0.0039	0.0046	0.0054	0.0062
80	0.0021	0.0026	0.0032	0.0037	0.0044	0.0053	0.0062	0.0070
90	0.0024	0.0030	0.0036	0.0042	0.0050	0.0059	0.0069	0.0079
100	0.0026	0.0033	0.0040	0.0046	0.0055	0.0066	0.0077	0.0088
110	0.0029	0.0036	0.0044	0.0051	0.0061	0.0073	0.0085	0.0097
120	0.0032	0.0040	0.0048	0.0055	0.0066	0.0079	0.0092	0.0106
130	0.0034	0.0043	0.0051	0.0060	0.0072	0.0086	0.0100	0.0114
140	0.0037	0.0046	0.0055	0.0065	0.0077	0.0092	0.0108	0.0123
150	0.0040	0.0050	0.0059	0.0069	0.0083	0.0099	0.0116	0.0132
160	0.0042	0.0053	0.0063	0.0074	0.0088	0.0106	0.0123	0.0141

材长：2.2m

材宽	材厚 (mm)							
(mm)	12	15	18	21	25	30	35	40
	材积(m³)							
170	0.0045	0.0056	0.0067	0.0079	0.0094	0.0112	0.0131	0.0150
180	0.0048	0.0059	0.0071	0.0083	0.0099	0.0119	0.0139	0.0158
190	0.0050	0.0063	0.0075	0.0088	0.0105	0.0125	0.0146	0.0167
200	0.0053	0.0066	0.0079	0.0092	0.0110	0.0132	0.0154	0.0176
210	0.0055	0.0069	0.0083	0.0097	0.0116	0.0139	0.0162	0.0185
220	0.0058	0.0073	0.0087	0.0102	0.0121	0.0145	0.0169	0.0194
230	0.0061	0.0076	0.0091	0.0106	0.0127	0.0152	0.0177	0.0202
240	0.0063	0.0079	0.0095	0.0111	0.0132	0.0158	0.0185	0.0211
250	0.0066	0.0083	0.0099	0.0116	0.0138	0.0165	0.0193	0.0220
260	0.0069	0.0086	0.0103	0.0120	0.0143	0.0172	0.0200	0.0229
270	0.0071	0.0089	0.0107	0.0125	0.0149	0.0178	0.0208	0.0238
280	0.0074	0.0092	0.0111	0.0129	0.0154	0.0185	0.0216	0.0246
290	0.0077	0.0096	0.0115	0.0134	0.0160	0.0191	0.0223	0.0255
300	0.0079	0.0099	0.0119	0.0139	0.0165	0.0198	0.0231	0.0264

材长：2.2m

材宽 (mm)	材厚(mm)						
	45	50	60	70	80	90	100
	材积(m³)						
30	0.0030	0.0033	0.0040	0.0046	0.0053	0.0059	0.0066
40	0.0040	0.0044	0.0053	0.0062	0.0070	0.0079	0.0088
50	0.0050	0.0055	0.0066	0.0077	0.0088	0.0099	0.0110
60	0.0059	0.0066	0.0079	0.0092	0.0106	0.0119	0.0132
70	0.0069	0.0077	0.0092	0.0108	0.0123	0.0139	0.0154
80	0.0079	0.0088	0.0106	0.0123	0.0141	0.0158	0.0176
90	0.0089	0.0099	0.0119	0.0139	0.0158	0.0178	0.0198
100	0.0099	0.0110	0.0132	0.0154	0.0176	0.0198	0.0220
110	0.0109	0.0121	0.0145	0.0169	0.0194	0.0218	0.0242
120	0.0119	0.0132	0.0158	0.0185	0.0211	0.0238	0.0264
130	0.0129	0.0143	0.0172	0.0200	0.0229	0.0257	0.0286
140	0.0139	0.0154	0.0185	0.0216	0.0246	0.0277	0.0308
150	0.0149	0.0165	0.0198	0.0231	0.0264	0.0297	0.0330
160	0.0158	0.0176	0.0211	0.0246	0.0282	0.0317	0.0352

材长:2.2m

材宽 (mm)	材厚 (mm)						
	45	50	60	70	80	90	100
	材积(m³)						
170	0.0168	0.0187	0.0224	0.0262	0.0299	0.0337	0.0374
180	0.0178	0.0198	0.0238	0.0277	0.0317	0.0356	0.0396
190	0.0188	0.0209	0.0251	0.0293	0.0334	0.0376	0.0418
200	0.0198	0.0220	0.0264	0.0308	0.0352	0.0396	0.0440
210	0.0208	0.0231	0.0277	0.0323	0.0370	0.0416	0.0462
220	0.0218	0.0242	0.0290	0.0339	0.0387	0.0436	0.0484
230	0.0228	0.0253	0.0304	0.0354	0.0405	0.0455	0.0506
240	0.0238	0.0264	0.0317	0.0370	0.0422	0.0475	0.0528
250	0.0248	0.0275	0.0330	0.0385	0.0440	0.0495	0.0550
260	0.0257	0.0286	0.0343	0.0400	0.0458	0.0515	0.0572
270	0.0267	0.0297	0.0356	0.0416	0.0475	0.0535	0.0594
280	0.0277	0.0308	0.0370	0.0431	0.0493	0.0554	0.0616
290	0.0287	0.0319	0.0383	0.0447	0.0510	0.0574	0.0638
300	0.0297	0.0330	0.0396	0.0462	0.0528	0.0594	0.0660

材长:2.4m

材宽	材厚(mm)							
(mm)	12	15	18	21	25	30	35	40
	材积(m³)							
30	0.0009	0.0011	0.0013	0.0015	0.0018	0.0022	0.0025	0.0029
40	0.0012	0.0014	0.0017	0.0020	0.0024	0.0029	0.0034	0.0038
50	0.0014	0.0018	0.0022	0.0025	0.0030	0.0036	0.0042	0.0048
60	0.0017	0.0022	0.0026	0.0030	0.0036	0.0043	0.0050	0.0058
70	0.0020	0.0025	0.0030	0.0035	0.0042	0.0050	0.0059	0.0067
80	0.0023	0.0029	0.0035	0.0040	0.0048	0.0058	0.0067	0.0077
90	0.0026	0.0032	0.0039	0.0045	0.0054	0.0065	0.0076	0.0086
100	0.0029	0.0036	0.0043	0.0050	0.0060	0.0072	0.0084	0.0096
110	0.0032	0.0040	0.0048	0.0055	0.0066	0.0079	0.0092	0.0106
120	0.0035	0.0043	0.0052	0.0060	0.0072	0.0086	0.0101	0.0115
130	0.0037	0.0047	0.0056	0.0066	0.0078	0.0094	0.0109	0.0125
140	0.0040	0.0050	0.0060	0.0071	0.0084	0.0101	0.0118	0.0134
150	0.0043	0.0054	0.0065	0.0076	0.0090	0.0108	0.0126	0.0144
160	0.0046	0.0058	0.0069	0.0081	0.0096	0.0115	0.0134	0.0154

材长:2.4m

材宽(mm)	材厚(mm)							
	12	15	18	21	25	30	35	40
	材积(m³)							
170	0.0049	0.0061	0.0073	0.0086	0.0102	0.0122	0.0143	0.0163
180	0.0052	0.0065	0.0078	0.0091	0.0108	0.0130	0.0151	0.0173
190	0.0055	0.0068	0.0082	0.0096	0.0114	0.0137	0.0160	0.0182
200	0.0058	0.0072	0.0086	0.0101	0.0120	0.0144	0.0168	0.0192
210	0.0060	0.0076	0.0091	0.0106	0.0126	0.0151	0.0176	0.0202
220	0.0063	0.0079	0.0095	0.0111	0.0132	0.0158	0.0185	0.0211
230	0.0066	0.0083	0.0099	0.0116	0.0138	0.0166	0.0193	0.0221
240	0.0069	0.0086	0.0104	0.0121	0.0144	0.0173	0.0202	0.0230
250	0.0072	0.0090	0.0108	0.0126	0.0150	0.0180	0.0210	0.0240
260	0.0075	0.0094	0.0112	0.0131	0.0156	0.0187	0.0218	0.0250
270	0.0078	0.0097	0.0117	0.0136	0.0162	0.0194	0.0227	0.0259
280	0.0081	0.0101	0.0121	0.0141	0.0168	0.0202	0.0235	0.0269
290	0.0084	0.0104	0.0125	0.0146	0.0174	0.0209	0.0244	0.0278
300	0.0086	0.0108	0.0130	0.0151	0.0180	0.0216	0.0252	0.0288

材长:2.4m

材宽 (mm)	材厚(mm)						
	45	50	60	70	80	90	100
	材积(m³)						
30	0.0032	0.0036	0.0043	0.0050	0.0058	0.0065	0.0072
40	0.0043	0.0048	0.0058	0.0067	0.0077	0.0086	0.0096
50	0.0054	0.0060	0.0072	0.0084	0.0096	0.0108	0.0120
60	0.0065	0.0072	0.0086	0.0101	0.0115	0.0130	0.0144
70	0.0076	0.0084	0.0101	0.0118	0.0134	0.0151	0.0168
80	0.0086	0.0096	0.0115	0.0134	0.0154	0.0173	0.0192
90	0.0097	0.0108	0.0130	0.0151	0.0173	0.0194	0.0216
100	0.0108	0.0120	0.0144	0.0168	0.0192	0.0216	0.0240
110	0.0119	0.0132	0.0158	0.0185	0.0211	0.0238	0.0264
120	0.0130	0.0144	0.0173	0.0202	0.0230	0.0259	0.0288
130	0.0140	0.0156	0.0187	0.0218	0.0250	0.0281	0.0312
140	0.0151	0.0168	0.0202	0.0235	0.0269	0.0302	0.0336
150	0.0162	0.0180	0.0216	0.0252	0.0288	0.0324	0.0360
160	0.0173	0.0192	0.0230	0.0269	0.0307	0.0346	0.0384

材长:2.4m

材宽 (mm)	材厚(mm)						
	45	50	60	70	80	90	100
	材积(m³)						
170	0.0184	0.0204	0.0245	0.0286	0.0326	0.0367	0.0408
180	0.0194	0.0216	0.0259	0.0302	0.0346	0.0389	0.0432
190	0.0205	0.0228	0.0274	0.0319	0.0365	0.0410	0.0456
200	0.0216	0.0240	0.0288	0.0336	0.0384	0.0432	0.0480
210	0.0227	0.0252	0.0302	0.0353	0.0403	0.0454	0.0504
220	0.0238	0.0264	0.0317	0.0370	0.0422	0.0475	0.0528
230	0.0248	0.0276	0.0331	0.0386	0.0442	0.0497	0.0552
240	0.0259	0.0288	0.0346	0.0403	0.0461	0.0518	0.0576
250	0.0270	0.0300	0.0360	0.0420	0.0480	0.0540	0.0600
260	0.0281	0.0312	0.0374	0.0437	0.0499	0.0562	0.0624
270	0.0292	0.0324	0.0389	0.0454	0.0518	0.0583	0.0648
280	0.0302	0.0336	0.0403	0.0470	0.0538	0.0605	0.0672
290	0.0313	0.0348	0.0418	0.0487	0.0557	0.0626	0.0696
300	0.0324	0.0360	0.0432	0.0504	0.0576	0.0648	0.0720

材长：2.6m

材宽 (mm)	材厚(mm)							
	12	15	18	21	25	30	35	40
	材积(m³)							
30	0.0009	0.0012	0.0014	0.0016	0.0020	0.0023	0.0027	0.0031
40	0.0012	0.0016	0.0019	0.0022	0.0026	0.0031	0.0036	0.0042
50	0.0016	0.0020	0.0023	0.0027	0.0033	0.0039	0.0046	0.0052
60	0.0019	0.0023	0.0028	0.0033	0.0039	0.0047	0.0055	0.0062
70	0.0022	0.0027	0.0033	0.0038	0.0046	0.0055	0.0064	0.0073
80	0.0025	0.0031	0.0037	0.0044	0.0052	0.0062	0.0073	0.0083
90	0.0028	0.0035	0.0042	0.0049	0.0059	0.0070	0.0082	0.0094
100	0.0031	0.0039	0.0047	0.0055	0.0065	0.0078	0.0091	0.0104
110	0.0034	0.0043	0.0051	0.0060	0.0072	0.0086	0.0100	0.0114
120	0.0037	0.0047	0.0056	0.0066	0.0078	0.0094	0.0109	0.0125
130	0.0041	0.0051	0.0061	0.0071	0.0085	0.0101	0.0118	0.0135
140	0.0044	0.0055	0.0066	0.0076	0.0091	0.0109	0.0127	0.0146
150	0.0047	0.0059	0.0070	0.0082	0.0098	0.0117	0.0137	0.0156
160	0.0050	0.0062	0.0075	0.0087	0.0104	0.0125	0.0146	0.0166

材长:2.6m

材宽	材厚(mm)							
(mm)	12	15	18	21	25	30	35	40
	材积(m³)							
170	0.0053	0.0066	0.0080	0.0093	0.0111	0.0133	0.0155	0.0177
180	0.0056	0.0070	0.0084	0.0098	0.0117	0.0140	0.0164	0.0187
190	0.0059	0.0074	0.0089	0.0104	0.0124	0.0148	0.0173	0.0198
200	0.0062	0.0078	0.0094	0.0109	0.0130	0.0156	0.0182	0.0208
210	0.0066	0.0082	0.0098	0.0115	0.0137	0.0164	0.0191	0.0218
220	0.0069	0.0086	0.0103	0.0120	0.0143	0.0172	0.0200	0.0229
230	0.0072	0.0090	0.0108	0.0126	0.0150	0.0179	0.0209	0.0239
240	0.0075	0.0094	0.0112	0.0131	0.0156	0.0187	0.0218	0.0250
250	0.0078	0.0098	0.0117	0.0137	0.0163	0.0195	0.0228	0.0260
260	0.0081	0.0101	0.0122	0.0142	0.0169	0.0203	0.0237	0.0270
270	0.0084	0.0105	0.0126	0.0147	0.0176	0.0211	0.0246	0.0281
280	0.0087	0.0109	0.0131	0.0153	0.0182	0.0218	0.0255	0.0291
290	0.0090	0.0113	0.0136	0.0158	0.0189	0.0226	0.0264	0.0302
300	0.0094	0.0117	0.0140	0.0164	0.0195	0.0234	0.0273	0.0312

续表

材长:2.6m

材宽 (mm)	材厚(mm)						
	45	50	60	70	80	90	100
	材积(m³)						
30	0.0035	0.0039	0.0047	0.0055	0.0062	0.0070	0.0078
40	0.0047	0.0052	0.0062	0.0073	0.0083	0.0094	0.0104
50	0.0059	0.0065	0.0078	0.0091	0.0104	0.0117	0.0130
60	0.0070	0.0078	0.0094	0.0109	0.0125	0.0140	0.0156
70	0.0082	0.0091	0.0109	0.0127	0.0146	0.0164	0.0182
80	0.0094	0.0104	0.0125	0.0146	0.0166	0.0187	0.0208
90	0.0105	0.0117	0.0140	0.0164	0.0187	0.0211	0.0234
100	0.0117	0.0130	0.0156	0.0182	0.0208	0.0234	0.0260
110	0.0129	0.0143	0.0172	0.0200	0.0229	0.0257	0.0286
120	0.0140	0.0156	0.0187	0.0218	0.0250	0.0281	0.0312
130	0.0152	0.0169	0.0203	0.0237	0.0270	0.0304	0.0338
140	0.0164	0.0182	0.0218	0.0255	0.0291	0.0328	0.0364
150	0.0176	0.0195	0.0234	0.0273	0.0312	0.0351	0.0390
160	0.0187	0.0208	0.0250	0.0291	0.0333	0.0374	0.0416

材长：2.6m

材宽 (mm)	材厚(mm)						
	45	50	60	70	80	90	100
	材积(m³)						
170	0.0199	0.0221	0.0265	0.0309	0.0354	0.0398	0.0442
180	0.0211	0.0234	0.0281	0.0328	0.0374	0.0421	0.0468
190	0.0222	0.0247	0.0296	0.0346	0.0395	0.0445	0.0494
200	0.0234	0.0260	0.0312	0.0364	0.0416	0.0468	0.0520
210	0.0246	0.0273	0.0328	0.0382	0.0437	0.0491	0.0546
220	0.0257	0.0286	0.0343	0.0400	0.0458	0.0515	0.0572
230	0.0269	0.0299	0.0359	0.0419	0.0478	0.0538	0.0598
240	0.0281	0.0312	0.0374	0.0437	0.0499	0.0562	0.0624
250	0.0293	0.0325	0.0390	0.0455	0.0520	0.0585	0.0650
260	0.0304	0.0338	0.0406	0.0473	0.0541	0.0608	0.0676
270	0.0316	0.0351	0.0421	0.0491	0.0562	0.0632	0.0702
280	0.0328	0.0364	0.0437	0.0510	0.0582	0.0655	0.0728
290	0.0339	0.0377	0.0452	0.0528	0.0603	0.0679	0.0754
300	0.0351	0.0390	0.0468	0.0546	0.0624	0.0702	0.0780

续表

材长:2.8m

材宽 (mm)	材厚(mm)							
	12	15	18	21	25	30	35	40
	材积（m³)							
30	0.0010	0.0013	0.0015	0.0018	0.0021	0.0025	0.0029	0.0034
40	0.0013	0.0017	0.0020	0.0024	0.0028	0.0034	0.0039	0.0045
50	0.0017	0.0021	0.0025	0.0029	0.0035	0.0042	0.0049	0.0056
60	0.0020	0.0025	0.0030	0.0035	0.0042	0.0050	0.0059	0.0067
70	0.0024	0.0029	0.0035	0.0041	0.0049	0.0059	0.0069	0.0078
80	0.0027	0.0034	0.0040	0.0047	0.0056	0.0067	0.0078	0.0090
90	0.0030	0.0038	0.0045	0.0053	0.0063	0.0076	0.0088	0.0101
100	0.0034	0.0042	0.0050	0.0059	0.0070	0.0084	0.0098	0.0112
110	0.0037	0.0046	0.0055	0.0065	0.0077	0.0092	0.0108	0.0123
120	0.0040	0.0050	0.0060	0.0071	0.0084	0.0101	0.0118	0.0134
130	0.0044	0.0055	0.0066	0.0076	0.0091	0.0109	0.0127	0.0146
140	0.0047	0.0059	0.0071	0.0082	0.0098	0.0118	0.0137	0.0157
150	0.0050	0.0063	0.0076	0.0088	0.0105	0.0126	0.0147	0.0168
160	0.0054	0.0067	0.0081	0.0094	0.0112	0.0134	0.0157	0.0179

材长:2.8m

材宽 (mm)	材厚(mm)							
	12	15	18	21	25	30	35	40
	材积(m³)							
170	0.0057	0.0071	0.0086	0.0100	0.0119	0.0143	0.0167	0.0190
180	0.0060	0.0076	0.0091	0.0106	0.0126	0.0151	0.0176	0.0202
190	0.0064	0.0080	0.0096	0.0112	0.0133	0.0160	0.0186	0.0213
200	0.0067	0.0084	0.0101	0.0118	0.0140	0.0168	0.0196	0.0224
210	0.0071	0.0088	0.0106	0.0123	0.0147	0.0176	0.0206	0.0235
220	0.0074	0.0092	0.0111	0.0129	0.0154	0.0185	0.0216	0.0246
230	0.0077	0.0097	0.0116	0.0135	0.0161	0.0193	0.0225	0.0258
240	0.0081	0.0101	0.0121	0.0141	0.0168	0.0202	0.0235	0.0269
250	0.0084	0.0105	0.0126	0.0147	0.0175	0.0210	0.0245	0.0280
260	0.0087	0.0109	0.0131	0.0153	0.0182	0.0218	0.0255	0.0291
270	0.0091	0.0113	0.0136	0.0159	0.0189	0.0227	0.0265	0.0302
280	0.0094	0.0118	0.0141	0.0165	0.0196	0.0235	0.0274	0.0314
290	0.0097	0.0122	0.0146	0.0171	0.0203	0.0244	0.0284	0.0325
300	0.0101	0.0126	0.0151	0.0176	0.0210	0.0252	0.0294	0.0336

材长：2.8m

材宽 (mm)	材厚 (mm)						
	材积 (m³)						
	45	50	60	70	80	90	100
30	0.0038	0.0042	0.0050	0.0059	0.0067	0.0076	0.0084
40	0.0050	0.0056	0.0067	0.0078	0.0090	0.0101	0.0112
50	0.0063	0.0070	0.0084	0.0098	0.0112	0.0126	0.0140
60	0.0076	0.0084	0.0101	0.0118	0.0134	0.0151	0.0168
70	0.0088	0.0098	0.0118	0.0137	0.0157	0.0176	0.0196
80	0.0101	0.0112	0.0134	0.0157	0.0179	0.0202	0.0224
90	0.0113	0.0126	0.0151	0.0176	0.0202	0.0227	0.0252
100	0.0126	0.0140	0.0168	0.0196	0.0224	0.0252	0.0280
110	0.0139	0.0154	0.0185	0.0216	0.0246	0.0277	0.0308
120	0.0151	0.0168	0.0202	0.0235	0.0269	0.0302	0.0336
130	0.0164	0.0182	0.0218	0.0255	0.0291	0.0328	0.0364
140	0.0176	0.0196	0.0235	0.0274	0.0314	0.0353	0.0392
150	0.0189	0.0210	0.0252	0.0294	0.0336	0.0378	0.0420
160	0.0202	0.0224	0.0269	0.0314	0.0358	0.0403	0.0448

材长：2.8m

材宽 (mm)	材厚（mm）						
	45	50	60	70	80	90	100
	材积(m³)						
170	0.0214	0.0238	0.0286	0.0333	0.0381	0.0428	0.0476
180	0.0227	0.0252	0.0302	0.0353	0.0403	0.0454	0.0504
190	0.0239	0.0266	0.0319	0.0372	0.0426	0.0479	0.0532
200	0.0252	0.0280	0.0336	0.0392	0.0448	0.0504	0.0560
210	0.0265	0.0294	0.0353	0.0412	0.0470	0.0529	0.0588
220	0.0277	0.0308	0.0370	0.0431	0.0493	0.0554	0.0616
230	0.0290	0.0322	0.0386	0.0451	0.0515	0.0580	0.0644
240	0.0302	0.0336	0.0403	0.0470	0.0538	0.0605	0.0672
250	0.0315	0.0350	0.0420	0.0490	0.0560	0.0630	0.0700
260	0.0328	0.0364	0.0437	0.0510	0.0582	0.0655	0.0728
270	0.0340	0.0378	0.0454	0.0529	0.0605	0.0680	0.0756
280	0.0353	0.0392	0.0470	0.0549	0.0627	0.0706	0.0784
290	0.0365	0.0406	0.0487	0.0568	0.0650	0.0731	0.0812
300	0.0378	0.0420	0.0504	0.0588	0.0672	0.0756	0.0840

材长:3.0m

材宽 (mm)	材厚 (mm)							
	材积 (m³)							
	12	15	18	21	25	30	35	40
30	0.0011	0.0014	0.0016	0.0019	0.0023	0.0027	0.0032	0.0036
40	0.0014	0.0018	0.0022	0.0025	0.0030	0.0036	0.0042	0.0048
50	0.0018	0.0023	0.0027	0.0032	0.0038	0.0045	0.0053	0.0060
60	0.0022	0.0027	0.0032	0.0038	0.0045	0.0054	0.0063	0.0072
70	0.0025	0.0032	0.0038	0.0044	0.0053	0.0063	0.0074	0.0084
80	0.0029	0.0036	0.0043	0.0050	0.0060	0.0072	0.0084	0.0096
90	0.0032	0.0041	0.0049	0.0057	0.0068	0.0081	0.0095	0.0108
100	0.0036	0.0045	0.0054	0.0063	0.0075	0.0090	0.0105	0.0120
110	0.0040	0.0050	0.0059	0.0069	0.0083	0.0099	0.0116	0.0132
120	0.0043	0.0054	0.0065	0.0076	0.0090	0.0108	0.0126	0.0144
130	0.0047	0.0059	0.0070	0.0082	0.0098	0.0117	0.0137	0.0156
140	0.0050	0.0063	0.0076	0.0088	0.0105	0.0126	0.0147	0.0168
150	0.0054	0.0068	0.0081	0.0095	0.0113	0.0135	0.0158	0.0180
160	0.0058	0.0072	0.0086	0.0101	0.0120	0.0144	0.0168	0.0192

材长:3.0m

材宽 (mm)	材厚(mm)							
	12	15	18	21	25	30	35	40
	材积(m³)							
170	0.0061	0.0077	0.0092	0.0107	0.0128	0.0153	0.0179	0.0204
180	0.0065	0.0081	0.0097	0.0113	0.0135	0.0162	0.0189	0.0216
190	0.0068	0.0086	0.0103	0.0120	0.0143	0.0171	0.0200	0.0228
200	0.0072	0.0090	0.0108	0.0126	0.0150	0.0180	0.0210	0.0240
210	0.0076	0.0095	0.0113	0.0132	0.0158	0.0189	0.0221	0.0252
220	0.0079	0.0099	0.0119	0.0139	0.0165	0.0198	0.0231	0.0264
230	0.0083	0.0104	0.0124	0.0145	0.0173	0.0207	0.0242	0.0276
240	0.0086	0.0108	0.0130	0.0151	0.0180	0.0216	0.0252	0.0288
250	0.0090	0.0113	0.0135	0.0158	0.0188	0.0225	0.0263	0.0300
260	0.0094	0.0117	0.0140	0.0164	0.0195	0.0234	0.0273	0.0312
270	0.0097	0.0122	0.0146	0.0170	0.0203	0.0243	0.0284	0.0324
280	0.0101	0.0126	0.0151	0.0176	0.0210	0.0252	0.0294	0.0336
290	0.0104	0.0131	0.0157	0.0183	0.0218	0.0261	0.0305	0.0348
300	0.0108	0.0135	0.0162	0.0189	0.0225	0.0270	0.0315	0.0360

材长：3.0m

材宽	材厚 (mm)						
(mm)	材积 (m³)						
	45	50	60	70	80	90	100
30	0.0041	0.0045	0.0054	0.0063	0.0072	0.0081	0.0090
40	0.0054	0.0060	0.0072	0.0084	0.0096	0.0108	0.0120
50	0.0068	0.0075	0.0090	0.0105	0.0120	0.0135	0.0150
60	0.0081	0.0090	0.0108	0.0126	0.0144	0.0162	0.0180
70	0.0095	0.0105	0.0126	0.0147	0.0168	0.0189	0.0210
80	0.0108	0.0120	0.0144	0.0168	0.0192	0.0216	0.0240
90	0.0122	0.0135	0.0162	0.0189	0.0216	0.0243	0.0270
100	0.0135	0.0150	0.0180	0.0210	0.0240	0.0270	0.0300
110	0.0149	0.0165	0.0198	0.0231	0.0264	0.0297	0.0330
120	0.0162	0.0180	0.0216	0.0252	0.0288	0.0324	0.0360
130	0.0176	0.0195	0.0234	0.0273	0.0312	0.0351	0.0390
140	0.0189	0.0210	0.0252	0.0294	0.0336	0.0378	0.0420
150	0.0203	0.0225	0.0270	0.0315	0.0360	0.0405	0.0450
160	0.0216	0.0240	0.0288	0.0336	0.0384	0.0432	0.0480

材长:3.0m

材宽	材厚(mm)						
(mm)	45	50	60	70	80	90	100
	材积(m³)						
170	0.0230	0.0255	0.0306	0.0357	0.0408	0.0459	0.0510
180	0.0243	0.0270	0.0324	0.0378	0.0432	0.0486	0.0540
190	0.0257	0.0285	0.0342	0.0399	0.0456	0.0513	0.0570
200	0.0270	0.0300	0.0360	0.0420	0.0480	0.0540	0.0600
210	0.0284	0.0315	0.0378	0.0441	0.0504	0.0567	0.0630
220	0.0297	0.0330	0.0396	0.0462	0.0528	0.0594	0.0660
230	0.0311	0.0345	0.0414	0.0483	0.0552	0.0621	0.0690
240	0.0324	0.0360	0.0432	0.0504	0.0576	0.0648	0.0720
250	0.0338	0.0375	0.0450	0.0525	0.0600	0.0675	0.0750
260	0.0351	0.0390	0.0468	0.0546	0.0624	0.0702	0.0780
270	0.0365	0.0405	0.0486	0.0567	0.0648	0.0729	0.0810
280	0.0378	0.0420	0.0504	0.0588	0.0672	0.0756	0.0840
290	0.0392	0.0435	0.0522	0.0609	0.0696	0.0783	0.0870
300	0.0405	0.0450	0.0540	0.0630	0.0720	0.0810	0.0900

材长:3.2m

材宽(mm)	材厚(mm) 材积(m³)							
	12	15	18	21	25	30	35	40
30	0.0012	0.0014	0.0017	0.0020	0.0024	0.0029	0.0034	0.0038
40	0.0015	0.0019	0.0023	0.0027	0.0032	0.0038	0.0045	0.0051
50	0.0019	0.0024	0.0029	0.0034	0.0040	0.0048	0.0056	0.0064
60	0.0023	0.0029	0.0035	0.0040	0.0048	0.0058	0.0067	0.0077
70	0.0027	0.0034	0.0040	0.0047	0.0056	0.0067	0.0078	0.0090
80	0.0031	0.0038	0.0046	0.0054	0.0064	0.0077	0.0090	0.0102
90	0.0035	0.0043	0.0052	0.0060	0.0072	0.0086	0.0101	0.0115
100	0.0038	0.0048	0.0058	0.0067	0.0080	0.0096	0.0112	0.0128
110	0.0042	0.0053	0.0063	0.0074	0.0088	0.0106	0.0123	0.0141
120	0.0046	0.0058	0.0069	0.0081	0.0096	0.0115	0.0134	0.0154
130	0.0050	0.0062	0.0075	0.0087	0.0104	0.0125	0.0146	0.0166
140	0.0054	0.0067	0.0081	0.0094	0.0112	0.0134	0.0157	0.0179
150	0.0058	0.0072	0.0086	0.0101	0.0120	0.0144	0.0168	0.0192
160	0.0061	0.0077	0.0092	0.0108	0.0128	0.0154	0.0179	0.0205

材长：3.2m

材宽 (mm)	材厚(mm)							
	材积(m³)							
	12	15	18	21	25	30	35	40
170	0.0065	0.0082	0.0098	0.0114	0.0136	0.0163	0.0190	0.0218
180	0.0069	0.0086	0.0104	0.0121	0.0144	0.0173	0.0202	0.0230
190	0.0073	0.0091	0.0109	0.0128	0.0152	0.0182	0.0213	0.0243
200	0.0077	0.0096	0.0115	0.0134	0.0160	0.0192	0.0224	0.0256
210	0.0081	0.0101	0.0121	0.0141	0.0168	0.0202	0.0235	0.0269
220	0.0084	0.0106	0.0127	0.0148	0.0176	0.0211	0.0246	0.0282
230	0.0088	0.0110	0.0132	0.0155	0.0184	0.0221	0.0258	0.0294
240	0.0092	0.0115	0.0138	0.0161	0.0192	0.0230	0.0269	0.0307
250	0.0096	0.0120	0.0144	0.0168	0.0200	0.0240	0.0280	0.0320
260	0.0100	0.0125	0.0150	0.0175	0.0208	0.0250	0.0291	0.0333
270	0.0104	0.0130	0.0156	0.0181	0.0216	0.0259	0.0302	0.0346
280	0.0108	0.0134	0.0161	0.0188	0.0224	0.0269	0.0314	0.0358
290	0.0111	0.0139	0.0167	0.0195	0.0232	0.0278	0.0325	0.0371
300	0.0115	0.0144	0.0173	0.0202	0.0240	0.0288	0.0336	0.0384

材长：3.2m

材宽	材厚(mm)						
(mm)	45	50	60	70	80	90	100
	材积(m³)						
30	0.0043	0.0048	0.0058	0.0067	0.0077	0.0086	0.0096
40	0.0058	0.0064	0.0077	0.0090	0.0102	0.0115	0.0128
50	0.0072	0.0080	0.0096	0.0112	0.0128	0.0144	0.0160
60	0.0086	0.0096	0.0115	0.0134	0.0154	0.0173	0.0192
70	0.0101	0.0112	0.0134	0.0157	0.0179	0.0202	0.0224
80	0.0115	0.0128	0.0154	0.0179	0.0205	0.0230	0.0256
90	0.0130	0.0144	0.0173	0.0202	0.0230	0.0259	0.0288
100	0.0144	0.0160	0.0192	0.0224	0.0256	0.0288	0.0320
110	0.0158	0.0176	0.0211	0.0246	0.0282	0.0317	0.0352
120	0.0173	0.0192	0.0230	0.0269	0.0307	0.0346	0.0384
130	0.0187	0.0208	0.0250	0.0291	0.0333	0.0374	0.0416
140	0.0202	0.0224	0.0269	0.0314	0.0358	0.0403	0.0448
150	0.0216	0.0240	0.0288	0.0336	0.0384	0.0432	0.0480
160	0.0230	0.0256	0.0307	0.0358	0.0410	0.0461	0.0512

材长：3.2m

材宽 (mm)	材厚 (mm) 材积(m³)							
	45	50	60	70	80	90	100
170	0.0245	0.0272	0.0326	0.0381	0.0435	0.0490	0.0544
180	0.0259	0.0288	0.0346	0.0403	0.0461	0.0518	0.0576
190	0.0274	0.0304	0.0365	0.0426	0.0486	0.0547	0.0608
200	0.0288	0.0320	0.0384	0.0448	0.0512	0.0576	0.0640
210	0.0302	0.0336	0.0403	0.0470	0.0538	0.0605	0.0672
220	0.0317	0.0352	0.0422	0.0493	0.0563	0.0634	0.0704
230	0.0331	0.0368	0.0442	0.0515	0.0589	0.0662	0.0736
240	0.0346	0.0384	0.0461	0.0538	0.0614	0.0691	0.0768
250	0.0360	0.0400	0.0480	0.0560	0.0640	0.0720	0.0800
260	0.0374	0.0416	0.0499	0.0582	0.0666	0.0749	0.0832
270	0.0389	0.0432	0.0518	0.0605	0.0691	0.0778	0.0864
280	0.0403	0.0448	0.0538	0.0627	0.0717	0.0806	0.0896
290	0.0418	0.0464	0.0557	0.0650	0.0742	0.0835	0.0928
300	0.0432	0.0480	0.0576	0.0672	0.0768	0.0864	0.0960

材长:3.4m

材宽(mm)	材厚(mm) 材积(m³)							
	12	15	18	21	25	30	35	40
30	0.0012	0.0015	0.0018	0.0021	0.0026	0.0031	0.0036	0.0041
40	0.0016	0.0020	0.0024	0.0029	0.0034	0.0041	0.0048	0.0054
50	0.0020	0.0026	0.0031	0.0036	0.0043	0.0051	0.0060	0.0068
60	0.0024	0.0031	0.0037	0.0043	0.0051	0.0061	0.0071	0.0082
70	0.0029	0.0036	0.0043	0.0050	0.0060	0.0071	0.0083	0.0095
80	0.0033	0.0041	0.0049	0.0057	0.0068	0.0082	0.0095	0.0109
90	0.0037	0.0046	0.0055	0.0064	0.0077	0.0092	0.0107	0.0122
100	0.0041	0.0051	0.0061	0.0071	0.0085	0.0102	0.0119	0.0136
110	0.0045	0.0056	0.0067	0.0079	0.0094	0.0112	0.0131	0.0150
120	0.0049	0.0061	0.0073	0.0086	0.0102	0.0122	0.0143	0.0163
130	0.0053	0.0066	0.0080	0.0093	0.0111	0.0133	0.0155	0.0177
140	0.0057	0.0071	0.0086	0.0100	0.0119	0.0143	0.0167	0.0190
150	0.0061	0.0077	0.0092	0.0107	0.0128	0.0153	0.0179	0.0204
160	0.0065	0.0082	0.0098	0.0114	0.0136	0.0163	0.0190	0.0218

材长：3.4m

材宽 (mm)	材厚 (mm)							
	12	15	18	21	25	30	35	40
	材积(m³)							
170	0.0069	0.0087	0.0104	0.0121	0.0145	0.0173	0.0202	0.0231
180	0.0073	0.0092	0.0110	0.0129	0.0153	0.0184	0.0214	0.0245
190	0.0078	0.0097	0.0116	0.0136	0.0162	0.0194	0.0226	0.0258
200	0.0082	0.0102	0.0122	0.0143	0.0170	0.0204	0.0238	0.0272
210	0.0086	0.0107	0.0129	0.0150	0.0179	0.0214	0.0250	0.0286
220	0.0090	0.0112	0.0135	0.0157	0.0187	0.0224	0.0262	0.0299
230	0.0094	0.0117	0.0141	0.0164	0.0196	0.0235	0.0274	0.0313
240	0.0098	0.0122	0.0147	0.0171	0.0204	0.0245	0.0286	0.0326
250	0.0102	0.0128	0.0153	0.0179	0.0213	0.0255	0.0298	0.0340
260	0.0106	0.0133	0.0159	0.0186	0.0221	0.0265	0.0309	0.0354
270	0.0110	0.0138	0.0165	0.0193	0.0230	0.0275	0.0321	0.0367
280	0.0114	0.0143	0.0171	0.0200	0.0238	0.0286	0.0333	0.0381
290	0.0118	0.0148	0.0177	0.0207	0.0247	0.0296	0.0345	0.0394
300	0.0122	0.0153	0.0184	0.0214	0.0255	0.0306	0.0357	0.0408

材长：3.4m

材宽 (mm)	材厚 (mm)						
	45	50	60	70	80	90	100
	材积 (m³)						
30	0.0046	0.0051	0.0061	0.0071	0.0082	0.0092	0.0102
40	0.0061	0.0068	0.0082	0.0095	0.0109	0.0122	0.0136
50	0.0077	0.0085	0.0102	0.0119	0.0136	0.0153	0.0170
60	0.0092	0.0102	0.0122	0.0143	0.0163	0.0184	0.0204
70	0.0107	0.0119	0.0143	0.0167	0.0190	0.0214	0.0238
80	0.0122	0.0136	0.0163	0.0190	0.0218	0.0245	0.0272
90	0.0138	0.0153	0.0184	0.0214	0.0245	0.0275	0.0306
100	0.0153	0.0170	0.0204	0.0238	0.0272	0.0306	0.0340
110	0.0168	0.0187	0.0224	0.0262	0.0299	0.0337	0.0374
120	0.0184	0.0204	0.0245	0.0286	0.0326	0.0367	0.0408
130	0.0199	0.0221	0.0265	0.0309	0.0354	0.0398	0.0442
140	0.0214	0.0238	0.0286	0.0333	0.0381	0.0428	0.0476
150	0.0230	0.0255	0.0306	0.0357	0.0408	0.0459	0.0510
160	0.0245	0.0272	0.0326	0.0381	0.0435	0.0490	0.0544

材长:3.4m

材宽	材厚(mm)						
(mm)	45	50	60	70	80	90	100
	材积(m³)						
170	0.0260	0.0289	0.0347	0.0405	0.0462	0.0520	0.0578
180	0.0275	0.0306	0.0367	0.0428	0.0490	0.0551	0.0612
190	0.0291	0.0323	0.0388	0.0452	0.0517	0.0581	0.0646
200	0.0306	0.0340	0.0408	0.0476	0.0544	0.0612	0.0680
210	0.0321	0.0357	0.0428	0.0500	0.0571	0.0643	0.0714
220	0.0337	0.0374	0.0449	0.0524	0.0598	0.0673	0.0748
230	0.0352	0.0391	0.0469	0.0547	0.0626	0.0704	0.0782
240	0.0367	0.0408	0.0490	0.0571	0.0653	0.0734	0.0816
250	0.0383	0.0425	0.0510	0.0595	0.0680	0.0765	0.0850
260	0.0398	0.0442	0.0530	0.0619	0.0707	0.0796	0.0884
270	0.0413	0.0459	0.0551	0.0643	0.0734	0.0826	0.0918
280	0.0428	0.0476	0.0571	0.0666	0.0762	0.0857	0.0952
290	0.0444	0.0493	0.0592	0.0690	0.0789	0.0887	0.0986
300	0.0459	0.0510	0.0612	0.0714	0.0816	0.0918	0.1020

材长:3.6m

材宽 (mm)	材厚(mm)							
	12	15	18	21	25	30	35	40
	材积(m³)							
30	0.0013	0.0016	0.0019	0.0023	0.0027	0.0032	0.0038	0.0043
40	0.0017	0.0022	0.0026	0.0030	0.0036	0.0043	0.0050	0.0058
50	0.0022	0.0027	0.0032	0.0038	0.0045	0.0054	0.0063	0.0072
60	0.0026	0.0032	0.0039	0.0045	0.0054	0.0065	0.0076	0.0086
70	0.0030	0.0038	0.0045	0.0053	0.0063	0.0076	0.0088	0.0101
80	0.0035	0.0043	0.0052	0.0060	0.0072	0.0086	0.0101	0.0115
90	0.0039	0.0049	0.0058	0.0068	0.0081	0.0097	0.0113	0.0130
100	0.0043	0.0054	0.0065	0.0076	0.0090	0.0108	0.0126	0.0144
110	0.0048	0.0059	0.0071	0.0083	0.0099	0.0119	0.0139	0.0158
120	0.0052	0.0065	0.0078	0.0091	0.0108	0.0130	0.0151	0.0173
130	0.0056	0.0070	0.0084	0.0098	0.0117	0.0140	0.0164	0.0187
140	0.0060	0.0076	0.0091	0.0106	0.0126	0.0151	0.0176	0.0202
150	0.0065	0.0081	0.0097	0.0113	0.0135	0.0162	0.0189	0.0216
160	0.0069	0.0086	0.0104	0.0121	0.0144	0.0173	0.0202	0.0230

材长：3.6m

材宽	材厚（mm）							
（mm）	材积（m³）							
	12	15	18	21	25	30	35	40
170	0.0073	0.0092	0.0110	0.0129	0.0153	0.0184	0.0214	0.0245
180	0.0078	0.0097	0.0117	0.0136	0.0162	0.0194	0.0227	0.0259
190	0.0082	0.0103	0.0123	0.0144	0.0171	0.0205	0.0239	0.0274
200	0.0086	0.0108	0.0130	0.0151	0.0180	0.0216	0.0252	0.0288
210	0.0091	0.0113	0.0136	0.0159	0.0189	0.0227	0.0265	0.0302
220	0.0095	0.0119	0.0143	0.0166	0.0198	0.0238	0.0277	0.0317
230	0.0099	0.0124	0.0149	0.0174	0.0207	0.0248	0.0290	0.0331
240	0.0104	0.0130	0.0156	0.0181	0.0216	0.0259	0.0302	0.0346
250	0.0108	0.0135	0.0162	0.0189	0.0225	0.0270	0.0315	0.0360
260	0.0112	0.0140	0.0168	0.0197	0.0234	0.0281	0.0328	0.0374
270	0.0117	0.0146	0.0175	0.0204	0.0243	0.0292	0.0340	0.0389
280	0.0121	0.0151	0.0181	0.0212	0.0252	0.0302	0.0353	0.0403
290	0.0125	0.0157	0.0188	0.0219	0.0261	0.0313	0.0365	0.0418
300	0.0130	0.0162	0.0194	0.0227	0.0270	0.0324	0.0378	0.0432

材长:3.6m

材宽 (mm)	材厚 (mm)						
	45	50	60	70	80	90	100
	材积 (m³)						
30	0.0049	0.0054	0.0065	0.0076	0.0086	0.0097	0.0108
40	0.0065	0.0072	0.0086	0.0101	0.0115	0.0130	0.0144
50	0.0081	0.0090	0.0108	0.0126	0.0144	0.0162	0.0180
60	0.0097	0.0108	0.0130	0.0151	0.0173	0.0194	0.0216
70	0.0113	0.0126	0.0151	0.0176	0.0202	0.0227	0.0252
80	0.0130	0.0144	0.0173	0.0202	0.0230	0.0259	0.0288
90	0.0146	0.0162	0.0194	0.0227	0.0259	0.0292	0.0324
100	0.0162	0.0180	0.0216	0.0252	0.0288	0.0324	0.0360
110	0.0178	0.0198	0.0238	0.0277	0.0317	0.0356	0.0396
120	0.0194	0.0216	0.0259	0.0302	0.0346	0.0389	0.0432
130	0.0211	0.0234	0.0281	0.0328	0.0374	0.0421	0.0468
140	0.0227	0.0252	0.0302	0.0353	0.0403	0.0454	0.0504
150	0.0243	0.0270	0.0324	0.0378	0.0432	0.0486	0.0540
160	0.0259	0.0288	0.0346	0.0403	0.0461	0.0518	0.0576

材长：3.6m

材宽 (mm)	材厚 (mm)							
	45	50	60	70	80	90	100
	材积 (m³)							
170	0.0275	0.0306	0.0367	0.0428	0.0490	0.0551	0.0612
180	0.0292	0.0324	0.0389	0.0454	0.0518	0.0583	0.0648
190	0.0308	0.0342	0.0410	0.0479	0.0547	0.0616	0.0684
200	0.0324	0.0360	0.0432	0.0504	0.0576	0.0648	0.0720
210	0.0340	0.0378	0.0454	0.0529	0.0605	0.0680	0.0756
220	0.0356	0.0396	0.0475	0.0554	0.0634	0.0713	0.0792
230	0.0373	0.0414	0.0497	0.0580	0.0662	0.0745	0.0828
240	0.0389	0.0432	0.0518	0.0605	0.0691	0.0778	0.0864
250	0.0405	0.0450	0.0540	0.0630	0.0720	0.0810	0.0900
260	0.0421	0.0468	0.0562	0.0655	0.0749	0.0842	0.0936
270	0.0437	0.0486	0.0583	0.0680	0.0778	0.0875	0.0972
280	0.0454	0.0504	0.0605	0.0706	0.0806	0.0907	0.1008
290	0.0470	0.0522	0.0626	0.0731	0.0835	0.0940	0.1044
300	0.0486	0.0540	0.0648	0.0756	0.0864	0.0972	0.1080

材长:3.8m

材宽 (mm)	材厚(mm)							
	12	15	18	21	25	30	35	40
	材积(m³)							
30	0.0014	0.0017	0.0021	0.0024	0.0029	0.0034	0.0040	0.0046
40	0.0018	0.0023	0.0027	0.0032	0.0038	0.0046	0.0053	0.0061
50	0.0023	0.0029	0.0034	0.0040	0.0048	0.0057	0.0067	0.0076
60	0.0027	0.0034	0.0041	0.0048	0.0057	0.0068	0.0080	0.0091
70	0.0032	0.0040	0.0048	0.0056	0.0067	0.0080	0.0093	0.0106
80	0.0036	0.0046	0.0055	0.0064	0.0076	0.0091	0.0106	0.0122
90	0.0041	0.0051	0.0062	0.0072	0.0086	0.0103	0.0120	0.0137
100	0.0046	0.0057	0.0068	0.0080	0.0095	0.0114	0.0133	0.0152
110	0.0050	0.0063	0.0075	0.0088	0.0105	0.0125	0.0146	0.0167
120	0.0055	0.0068	0.0082	0.0096	0.0114	0.0137	0.0160	0.0182
130	0.0059	0.0074	0.0089	0.0104	0.0124	0.0148	0.0173	0.0198
140	0.0064	0.0080	0.0096	0.0112	0.0133	0.0160	0.0186	0.0213
150	0.0068	0.0086	0.0103	0.0120	0.0143	0.0171	0.0200	0.0228
160	0.0073	0.0091	0.0109	0.0128	0.0152	0.0182	0.0213	0.0243

材长：3.8m

材宽 (mm)	材厚(mm)							
	12	15	18	21	25	30	35	40
	材积(m³)							
170	0.0078	0.0097	0.0116	0.0136	0.0162	0.0194	0.0226	0.0258
180	0.0082	0.0103	0.0123	0.0144	0.0171	0.0205	0.0239	0.0274
190	0.0087	0.0108	0.0130	0.0152	0.0181	0.0217	0.0253	0.0289
200	0.0091	0.0114	0.0137	0.0160	0.0190	0.0228	0.0266	0.0304
210	0.0096	0.0120	0.0144	0.0168	0.0200	0.0239	0.0279	0.0319
220	0.0100	0.0125	0.0150	0.0176	0.0209	0.0251	0.0293	0.0334
230	0.0105	0.0131	0.0157	0.0184	0.0219	0.0262	0.0306	0.0350
240	0.0109	0.0137	0.0164	0.0192	0.0228	0.0274	0.0319	0.0365
250	0.0114	0.0143	0.0171	0.0200	0.0238	0.0285	0.0333	0.0380
260	0.0119	0.0148	0.0178	0.0207	0.0247	0.0296	0.0346	0.0395
270	0.0123	0.0154	0.0185	0.0215	0.0257	0.0308	0.0359	0.0410
280	0.0128	0.0160	0.0192	0.0223	0.0266	0.0319	0.0372	0.0426
290	0.0132	0.0165	0.0198	0.0231	0.0276	0.0331	0.0386	0.0441
300	0.0137	0.0171	0.0205	0.0239	0.0285	0.0342	0.0399	0.0456

材长：3.8m

续表

材宽(mm)	材厚(mm) 材积(m³)						
	45	50	60	70	80	90	100
30	0.0051	0.0057	0.0068	0.0080	0.0091	0.0103	0.0114
40	0.0068	0.0076	0.0091	0.0106	0.0122	0.0137	0.0152
50	0.0086	0.0095	0.0114	0.0133	0.0152	0.0171	0.0190
60	0.0103	0.0114	0.0137	0.0160	0.0182	0.0205	0.0228
70	0.0120	0.0133	0.0160	0.0186	0.0213	0.0239	0.0266
80	0.0137	0.0152	0.0182	0.0213	0.0243	0.0274	0.0304
90	0.0154	0.0171	0.0205	0.0239	0.0274	0.0308	0.0342
100	0.0171	0.0190	0.0228	0.0266	0.0304	0.0342	0.0380
110	0.0188	0.0209	0.0251	0.0293	0.0334	0.0376	0.0418
120	0.0205	0.0228	0.0274	0.0319	0.0365	0.0410	0.0456
130	0.0222	0.0247	0.0296	0.0346	0.0395	0.0445	0.0494
140	0.0239	0.0266	0.0319	0.0372	0.0426	0.0479	0.0532
150	0.0257	0.0285	0.0342	0.0399	0.0456	0.0513	0.0570
160	0.0274	0.0304	0.0365	0.0426	0.0486	0.0547	0.0608

材长:3.8m

材宽(mm)	材厚(mm)						
	材积(m³)						
	45	50	60	70	80	90	100
170	0.0291	0.0323	0.0388	0.0452	0.0517	0.0581	0.0646
180	0.0308	0.0342	0.0410	0.0479	0.0547	0.0616	0.0684
190	0.0325	0.0361	0.0433	0.0505	0.0578	0.0650	0.0722
200	0.0342	0.0380	0.0456	0.0532	0.0608	0.0684	0.0760
210	0.0359	0.0399	0.0479	0.0559	0.0638	0.0718	0.0798
220	0.0376	0.0418	0.0502	0.0585	0.0669	0.0752	0.0836
230	0.0393	0.0437	0.0524	0.0612	0.0699	0.0787	0.0874
240	0.0410	0.0456	0.0547	0.0638	0.0730	0.0821	0.0912
250	0.0428	0.0475	0.0570	0.0665	0.0760	0.0855	0.0950
260	0.0445	0.0494	0.0593	0.0692	0.0790	0.0889	0.0988
270	0.0462	0.0513	0.0616	0.0718	0.0821	0.0923	0.1026
280	0.0479	0.0532	0.0638	0.0745	0.0851	0.0958	0.1064
290	0.0496	0.0551	0.0661	0.0771	0.0882	0.0992	0.1102
300	0.0513	0.0570	0.0684	0.0798	0.0912	0.1026	0.1140

材长:4.0m

材宽 (mm)	材厚 (mm) 材积 (m³)							
	12	15	18	21	25	30	35	40
30	0.0014	0.0018	0.0022	0.0025	0.0030	0.0036	0.0042	0.0048
40	0.0019	0.0024	0.0029	0.0034	0.0040	0.0048	0.0056	0.0064
50	0.0024	0.0030	0.0036	0.0042	0.0050	0.0060	0.0070	0.0080
60	0.0029	0.0036	0.0043	0.0050	0.0060	0.0072	0.0084	0.0096
70	0.0034	0.0042	0.0050	0.0059	0.0070	0.0084	0.0098	0.0112
80	0.0038	0.0048	0.0058	0.0067	0.0080	0.0096	0.0112	0.0128
90	0.0043	0.0054	0.0065	0.0076	0.0090	0.0108	0.0126	0.0144
100	0.0048	0.0060	0.0072	0.0084	0.0100	0.0120	0.0140	0.0160
110	0.0053	0.0066	0.0079	0.0092	0.0110	0.0132	0.0154	0.0176
120	0.0058	0.0072	0.0086	0.0101	0.0120	0.0144	0.0168	0.0192
130	0.0062	0.0078	0.0094	0.0109	0.0130	0.0156	0.0182	0.0208
140	0.0067	0.0084	0.0101	0.0118	0.0140	0.0168	0.0196	0.0224
150	0.0072	0.0090	0.0108	0.0126	0.0150	0.0180	0.0210	0.0240
160	0.0077	0.0096	0.0115	0.0134	0.0160	0.0192	0.0224	0.0256

材长：4.0m

材宽(mm)	材厚 (mm)							
	12	15	18	21	25	30	35	40
	材积(m³)							
170	0.0082	0.0102	0.0122	0.0143	0.0170	0.0204	0.0238	0.0272
180	0.0086	0.0108	0.0130	0.0151	0.0180	0.0216	0.0252	0.0288
190	0.0091	0.0114	0.0137	0.0160	0.0190	0.0228	0.0266	0.0304
200	0.0096	0.0120	0.0144	0.0168	0.0200	0.0240	0.0280	0.0320
210	0.0101	0.0126	0.0151	0.0176	0.0210	0.0252	0.0294	0.0336
220	0.0106	0.0132	0.0158	0.0185	0.0220	0.0264	0.0308	0.0352
230	0.0110	0.0138	0.0166	0.0193	0.0230	0.0276	0.0322	0.0368
240	0.0115	0.0144	0.0173	0.0202	0.0240	0.0288	0.0336	0.0384
250	0.0120	0.0150	0.0180	0.0210	0.0250	0.0300	0.0350	0.0400
260	0.0125	0.0156	0.0187	0.0218	0.0260	0.0312	0.0364	0.0416
270	0.0130	0.0162	0.0194	0.0227	0.0270	0.0324	0.0378	0.0432
280	0.0134	0.0168	0.0202	0.0235	0.0280	0.0336	0.0392	0.0448
290	0.0139	0.0174	0.0209	0.0244	0.0290	0.0348	0.0406	0.0464
300	0.0144	0.0180	0.0216	0.0252	0.0300	0.0360	0.0420	0.0480

材长：4.0m

材宽 (mm)	材厚 (mm)							
	45	50	60	70	80	90	100
	材积（m³）							
30	0.0054	0.0060	0.0072	0.0084	0.0096	0.0108	0.0120
40	0.0072	0.0080	0.0096	0.0112	0.0128	0.0144	0.0160
50	0.0090	0.0100	0.0120	0.0140	0.0160	0.0180	0.0200
60	0.0108	0.0120	0.0144	0.0168	0.0192	0.0216	0.0240
70	0.0126	0.0140	0.0168	0.0196	0.0224	0.0252	0.0280
80	0.0144	0.0160	0.0192	0.0224	0.0256	0.0288	0.0320
90	0.0162	0.0180	0.0216	0.0252	0.0288	0.0324	0.0360
100	0.0180	0.0200	0.0240	0.0280	0.0320	0.0360	0.0400
110	0.0198	0.0220	0.0264	0.0308	0.0352	0.0396	0.0440
120	0.0216	0.0240	0.0288	0.0336	0.0384	0.0432	0.0480
130	0.0234	0.0260	0.0312	0.0364	0.0416	0.0468	0.0520
140	0.0252	0.0280	0.0336	0.0392	0.0448	0.0504	0.0560
150	0.0270	0.0300	0.0360	0.0420	0.0480	0.0540	0.0600
160	0.0288	0.0320	0.0384	0.0448	0.0512	0.0576	0.0640

材长:4.0m

材宽 (mm)	材厚(mm)						
	45	50	60	70	80	90	100
	材积(m³)						
170	0.0306	0.0340	0.0408	0.0476	0.0544	0.0612	0.0680
180	0.0324	0.0360	0.0432	0.0504	0.0576	0.0648	0.0720
190	0.0342	0.0380	0.0456	0.0532	0.0608	0.0684	0.0760
200	0.0360	0.0400	0.0480	0.0560	0.0640	0.0720	0.0800
210	0.0378	0.0420	0.0504	0.0588	0.0672	0.0756	0.0840
220	0.0396	0.0440	0.0528	0.0616	0.0704	0.0792	0.0880
230	0.0414	0.0460	0.0552	0.0644	0.0736	0.0828	0.0920
240	0.0432	0.0480	0.0576	0.0672	0.0768	0.0864	0.0960
250	0.0450	0.0500	0.0600	0.0700	0.0800	0.0900	0.1000
260	0.0468	0.0520	0.0624	0.0728	0.0832	0.0936	0.1040
270	0.0486	0.0540	0.0648	0.0756	0.0864	0.0972	0.1080
280	0.0504	0.0560	0.0672	0.0784	0.0896	0.1008	0.1120
290	0.0522	0.0580	0.0696	0.0812	0.0928	0.1044	0.1160
300	0.0540	0.0600	0.0720	0.0840	0.0960	0.1080	0.1200

材长 4.2m

材宽 (mm)	材厚(mm)							
	12	15	18	21	25	30	35	40
	材积(m³)							
30	0.0015	0.0019	0.0023	0.0026	0.0032	0.0038	0.0044	0.0050
40	0.0020	0.0025	0.0030	0.0035	0.0042	0.0050	0.0059	0.0067
50	0.0025	0.0032	0.0038	0.0044	0.0053	0.0063	0.0074	0.0084
60	0.0030	0.0038	0.0045	0.0053	0.0063	0.0076	0.0088	0.0101
70	0.0035	0.0044	0.0053	0.0062	0.0074	0.0088	0.0103	0.0118
80	0.0040	0.0050	0.0060	0.0071	0.0084	0.0101	0.0118	0.0134
90	0.0045	0.0057	0.0068	0.0079	0.0095	0.0113	0.0132	0.0151
100	0.0050	0.0063	0.0076	0.0088	0.0105	0.0126	0.0147	0.0168
110	0.0055	0.0069	0.0083	0.0097	0.0116	0.0139	0.0162	0.0185
120	0.0060	0.0076	0.0091	0.0106	0.0126	0.0151	0.0176	0.0202
130	0.0066	0.0082	0.0098	0.0115	0.0137	0.0164	0.0191	0.0218
140	0.0071	0.0088	0.0106	0.0123	0.0147	0.0176	0.0206	0.0235
150	0.0076	0.0095	0.0113	0.0132	0.0158	0.0189	0.0221	0.0252
160	0.0081	0.0101	0.0121	0.0141	0.0168	0.0202	0.0235	0.0269

材长 4.2m

材宽	材厚(mm)							
(mm)	12	15	18	21	25	30	35	40
	材积(m³)							
170	0.0086	0.0107	0.0129	0.0150	0.0179	0.0214	0.0250	0.0286
180	0.0091	0.0113	0.0136	0.0159	0.0189	0.0227	0.0265	0.0302
190	0.0096	0.0120	0.0144	0.0168	0.0200	0.0239	0.0279	0.0319
200	0.0101	0.0126	0.0151	0.0176	0.0210	0.0252	0.0294	0.0336
210	0.0106	0.0132	0.0159	0.0185	0.0221	0.0265	0.0309	0.0353
220	0.0111	0.0139	0.0166	0.0194	0.0231	0.0277	0.0323	0.0370
230	0.0116	0.0145	0.0174	0.0203	0.0242	0.0290	0.0338	0.0386
240	0.0121	0.0151	0.0181	0.0212	0.0252	0.0302	0.0353	0.0403
250	0.0126	0.0158	0.0189	0.0221	0.0263	0.0315	0.0368	0.0420
260	0.0131	0.0164	0.0197	0.0229	0.0273	0.0328	0.0382	0.0437
270	0.0136	0.0170	0.0204	0.0238	0.0284	0.0340	0.0397	0.0454
280	0.0141	0.0176	0.0212	0.0247	0.0294	0.0353	0.0412	0.0470
290	0.0146	0.0183	0.0219	0.0256	0.0305	0.0365	0.0426	0.0487
300	0.0151	0.0189	0.0227	0.0265	0.0315	0.0378	0.0441	0.0504

材长 4.2m

材宽 (mm)	材厚 (mm) 材积 (m³)						
	45	50	60	70	80	90	100
30	0.0057	0.0063	0.0076	0.0088	0.0101	0.0113	0.0126
40	0.0076	0.0084	0.0101	0.0118	0.0134	0.0151	0.0168
50	0.0095	0.0105	0.0126	0.0147	0.0168	0.0189	0.0210
60	0.0113	0.0126	0.0151	0.0176	0.0202	0.0227	0.0252
70	0.0132	0.0147	0.0176	0.0206	0.0235	0.0265	0.0294
80	0.0151	0.0168	0.0202	0.0235	0.0269	0.0302	0.0336
90	0.0170	0.0189	0.0227	0.0265	0.0302	0.0340	0.0378
100	0.0189	0.0210	0.0252	0.0294	0.0336	0.0378	0.0420
110	0.0208	0.0231	0.0277	0.0323	0.0370	0.0416	0.0462
120	0.0227	0.0252	0.0302	0.0353	0.0403	0.0454	0.0504
130	0.0246	0.0273	0.0328	0.0382	0.0437	0.0491	0.0546
140	0.0265	0.0294	0.0353	0.0412	0.0470	0.0529	0.0588
150	0.0284	0.0315	0.0378	0.0441	0.0504	0.0567	0.0630
160	0.0302	0.0336	0.0403	0.0470	0.0538	0.0605	0.0672

续表

材长 4.2m

材宽	材厚(mm)						
(mm)	45	50	60	70	80	90	100
	材积(m³)						
170	0.0321	0.0357	0.0428	0.0500	0.0571	0.0643	0.0714
180	0.0340	0.0378	0.0454	0.0529	0.0605	0.0680	0.0756
190	0.0359	0.0399	0.0479	0.0559	0.0638	0.0718	0.0798
200	0.0378	0.0420	0.0504	0.0588	0.0672	0.0756	0.0840
210	0.0397	0.0441	0.0529	0.0617	0.0706	0.0794	0.0882
220	0.0416	0.0462	0.0554	0.0647	0.0739	0.0832	0.0924
230	0.0435	0.0483	0.0580	0.0676	0.0773	0.0869	0.0966
240	0.0454	0.0504	0.0605	0.0706	0.0806	0.0907	0.1008
250	0.0473	0.0525	0.0630	0.0735	0.0840	0.0945	0.1050
260	0.0491	0.0546	0.0655	0.0764	0.0874	0.0983	0.1092
270	0.0510	0.0567	0.0680	0.0794	0.0907	0.1021	0.1134
280	0.0529	0.0588	0.0706	0.0823	0.0941	0.1058	0.1176
290	0.0548	0.0609	0.0731	0.0853	0.0974	0.1096	0.1218
300	0.0567	0.0630	0.0756	0.0882	0.1008	0.1134	0.1260

材长：4.4m

材宽(mm)	材厚(mm)							
	材积(m³)							
	12	15	18	21	25	30	35	40
30	0.0016	0.0020	0.0024	0.0028	0.0033	0.0040	0.0046	0.0053
40	0.0021	0.0026	0.0032	0.0037	0.0044	0.0053	0.0062	0.0070
50	0.0026	0.0033	0.0040	0.0046	0.0055	0.0066	0.0077	0.0088
60	0.0032	0.0040	0.0048	0.0055	0.0066	0.0079	0.0092	0.0106
70	0.0037	0.0046	0.0055	0.0065	0.0077	0.0092	0.0108	0.0123
80	0.0042	0.0053	0.0063	0.0074	0.0088	0.0106	0.0123	0.0141
90	0.0048	0.0059	0.0071	0.0083	0.0099	0.0119	0.0139	0.0158
100	0.0053	0.0066	0.0079	0.0092	0.0110	0.0132	0.0154	0.0176
110	0.0058	0.0073	0.0087	0.0102	0.0121	0.0145	0.0169	0.0194
120	0.0063	0.0079	0.0095	0.0111	0.0132	0.0158	0.0185	0.0211
130	0.0069	0.0086	0.0103	0.0120	0.0143	0.0172	0.0200	0.0229
140	0.0074	0.0092	0.0111	0.0129	0.0154	0.0185	0.0216	0.0246
150	0.0079	0.0099	0.0119	0.0139	0.0165	0.0198	0.0231	0.0264
160	0.0084	0.0106	0.0127	0.0148	0.0176	0.0211	0.0246	0.0282

材长：4.4m

材宽 (mm)	材厚 (mm)							
	12	15	18	21	25	30	35	40
	材积 (m³)							
170	0.0090	0.0112	0.0135	0.0157	0.0187	0.0224	0.0262	0.0299
180	0.0095	0.0119	0.0143	0.0166	0.0198	0.0238	0.0277	0.0317
190	0.0100	0.0125	0.0150	0.0176	0.0209	0.0251	0.0293	0.0334
200	0.0106	0.0132	0.0158	0.0185	0.0220	0.0264	0.0308	0.0352
210	0.0111	0.0139	0.0166	0.0194	0.0231	0.0277	0.0323	0.0370
220	0.0116	0.0145	0.0174	0.0203	0.0242	0.0290	0.0339	0.0387
230	0.0121	0.0152	0.0182	0.0213	0.0253	0.0304	0.0354	0.0405
240	0.0127	0.0158	0.0190	0.0222	0.0264	0.0317	0.0370	0.0422
250	0.0132	0.0165	0.0198	0.0231	0.0275	0.0330	0.0385	0.0440
260	0.0137	0.0172	0.0206	0.0240	0.0286	0.0343	0.0400	0.0458
270	0.0143	0.0178	0.0214	0.0249	0.0297	0.0356	0.0416	0.0475
280	0.0148	0.0185	0.0222	0.0259	0.0308	0.0370	0.0431	0.0493
290	0.0153	0.0191	0.0230	0.0268	0.0319	0.0383	0.0447	0.0510
300	0.0158	0.0198	0.0238	0.0277	0.0330	0.0396	0.0462	0.0528

材长:4.4m

材宽 (mm)	材厚(mm)						
	45	50	60	70	80	90	100
	材积(m³)						
30	0.0059	0.0066	0.0079	0.0092	0.0106	0.0119	0.0132
40	0.0079	0.0088	0.0106	0.0123	0.0141	0.0158	0.0176
50	0.0099	0.0110	0.0132	0.0154	0.0176	0.0198	0.0220
60	0.0119	0.0132	0.0158	0.0185	0.0211	0.0238	0.0264
70	0.0139	0.0154	0.0185	0.0216	0.0246	0.0277	0.0308
80	0.0158	0.0176	0.0211	0.0246	0.0282	0.0317	0.0352
90	0.0178	0.0198	0.0238	0.0277	0.0317	0.0356	0.0396
100	0.0198	0.0220	0.0264	0.0308	0.0352	0.0396	0.0440
110	0.0218	0.0242	0.0290	0.0339	0.0387	0.0436	0.0484
120	0.0238	0.0264	0.0317	0.0370	0.0422	0.0475	0.0528
130	0.0257	0.0286	0.0343	0.0400	0.0458	0.0515	0.0572
140	0.0277	0.0308	0.0370	0.0431	0.0493	0.0554	0.0616
150	0.0297	0.0330	0.0396	0.0462	0.0528	0.0594	0.0660
160	0.0317	0.0352	0.0422	0.0493	0.0563	0.0634	0.0704

材长：4.4m

材宽 (mm)	材厚 (mm)							
	45	50	60	70	80	90	100
	材积(m³)							
170	0.0337	0.0374	0.0449	0.0524	0.0598	0.0673	0.0748
180	0.0356	0.0396	0.0475	0.0554	0.0634	0.0713	0.0792
190	0.0376	0.0418	0.0502	0.0585	0.0669	0.0752	0.0836
200	0.0396	0.0440	0.0528	0.0616	0.0704	0.0792	0.0880
210	0.0416	0.0462	0.0554	0.0647	0.0739	0.0832	0.0924
220	0.0436	0.0484	0.0581	0.0678	0.0774	0.0871	0.0968
230	0.0455	0.0506	0.0607	0.0708	0.0810	0.0911	0.1012
240	0.0475	0.0528	0.0634	0.0739	0.0845	0.0950	0.1056
250	0.0495	0.0550	0.0660	0.0770	0.0880	0.0990	0.1100
260	0.0515	0.0572	0.0686	0.0801	0.0915	0.1030	0.1144
270	0.0535	0.0594	0.0713	0.0832	0.0950	0.1069	0.1188
280	0.0554	0.0616	0.0739	0.0862	0.0986	0.1109	0.1232
290	0.0574	0.0638	0.0766	0.0893	0.1021	0.1148	0.1276
300	0.0594	0.0660	0.0792	0.0924	0.1056	0.1188	0.1320

材长:4.6m

材宽 (mm)	材厚(mm)							
	12	15	18	21	25	30	35	40
	材积(m³)							
30	0.0017	0.0021	0.0025	0.0029	0.0035	0.0041	0.0048	0.0055
40	0.0022	0.0028	0.0033	0.0039	0.0046	0.0055	0.0064	0.0074
50	0.0028	0.0035	0.0041	0.0048	0.0058	0.0069	0.0081	0.0092
60	0.0033	0.0041	0.0050	0.0058	0.0069	0.0083	0.0097	0.0110
70	0.0039	0.0048	0.0058	0.0068	0.0081	0.0097	0.0113	0.0129
80	0.0044	0.0055	0.0066	0.0077	0.0092	0.0110	0.0129	0.0147
90	0.0050	0.0062	0.0075	0.0087	0.0104	0.0124	0.0145	0.0166
100	0.0055	0.0069	0.0083	0.0097	0.0115	0.0138	0.0161	0.0184
110	0.0061	0.0076	0.0091	0.0106	0.0127	0.0152	0.0177	0.0202
120	0.0066	0.0083	0.0099	0.0116	0.0138	0.0166	0.0193	0.0221
130	0.0072	0.0090	0.0108	0.0126	0.0150	0.0179	0.0209	0.0239
140	0.0077	0.0097	0.0116	0.0135	0.0161	0.0193	0.0225	0.0258
150	0.0083	0.0104	0.0124	0.0145	0.0173	0.0207	0.0242	0.0276
160	0.0088	0.0110	0.0132	0.0155	0.0184	0.0221	0.0258	0.0294

材长:4.6m

材宽 (mm)	材厚(mm)							
	12	15	18	21	25	30	35	40
	材积(m³)							
170	0.0094	0.0117	0.0141	0.0164	0.0196	0.0235	0.0274	0.0313
180	0.0099	0.0124	0.0149	0.0174	0.0207	0.0248	0.0290	0.0331
190	0.0105	0.0131	0.0157	0.0184	0.0219	0.0262	0.0306	0.0350
200	0.0110	0.0138	0.0166	0.0193	0.0230	0.0276	0.0322	0.0368
210	0.0116	0.0145	0.0174	0.0203	0.0242	0.0290	0.0338	0.0386
220	0.0121	0.0152	0.0182	0.0213	0.0253	0.0304	0.0354	0.0405
230	0.0127	0.0159	0.0190	0.0222	0.0265	0.0317	0.0370	0.0423
240	0.0132	0.0166	0.0199	0.0232	0.0276	0.0331	0.0386	0.0442
250	0.0138	0.0173	0.0207	0.0242	0.0288	0.0345	0.0403	0.0460
260	0.0144	0.0179	0.0215	0.0251	0.0299	0.0359	0.0419	0.0478
270	0.0149	0.0186	0.0224	0.0261	0.0311	0.0373	0.0435	0.0497
280	0.0155	0.0193	0.0232	0.0270	0.0322	0.0386	0.0451	0.0515
290	0.0160	0.0200	0.0240	0.0280	0.0334	0.0400	0.0467	0.0534
300	0.0166	0.0207	0.0248	0.0290	0.0345	0.0414	0.0483	0.0552

材长:4.6m

材宽 (mm)	材厚(mm) 材积(m³)						
	45	50	60	70	80	90	100
30	0.0062	0.0069	0.0083	0.0097	0.0110	0.0124	0.0138
40	0.0083	0.0092	0.0110	0.0129	0.0147	0.0166	0.0184
50	0.0104	0.0115	0.0138	0.0161	0.0184	0.0207	0.0230
60	0.0124	0.0138	0.0166	0.0193	0.0221	0.0248	0.0276
70	0.0145	0.0161	0.0193	0.0225	0.0258	0.0290	0.0322
80	0.0166	0.0184	0.0221	0.0258	0.0294	0.0331	0.0368
90	0.0186	0.0207	0.0248	0.0290	0.0331	0.0373	0.0414
100	0.0207	0.0230	0.0276	0.0322	0.0368	0.0414	0.0460
110	0.0228	0.0253	0.0304	0.0354	0.0405	0.0455	0.0506
120	0.0248	0.0276	0.0331	0.0386	0.0442	0.0497	0.0552
130	0.0269	0.0299	0.0359	0.0419	0.0478	0.0538	0.0598
140	0.0290	0.0322	0.0386	0.0451	0.0515	0.0580	0.0644
150	0.0311	0.0345	0.0414	0.0483	0.0552	0.0621	0.0690
160	0.0331	0.0368	0.0442	0.0515	0.0589	0.0662	0.0736

材长:4.6m

材宽 (mm)	材厚(mm)						
	材积(m³)						
	45	50	60	70	80	90	100
170	0.0352	0.0391	0.0469	0.0547	0.0626	0.0704	0.0782
180	0.0373	0.0414	0.0497	0.0580	0.0662	0.0745	0.0828
190	0.0393	0.0437	0.0524	0.0612	0.0699	0.0787	0.0874
200	0.0414	0.0460	0.0552	0.0644	0.0736	0.0828	0.0920
210	0.0435	0.0483	0.0580	0.0676	0.0773	0.0869	0.0966
220	0.0455	0.0506	0.0607	0.0708	0.0810	0.0911	0.1012
230	0.0476	0.0529	0.0635	0.0741	0.0846	0.0952	0.1058
240	0.0497	0.0552	0.0662	0.0773	0.0883	0.0994	0.1104
250	0.0518	0.0575	0.0690	0.0805	0.0920	0.1035	0.1150
260	0.0538	0.0598	0.0718	0.0837	0.0957	0.1076	0.1196
270	0.0559	0.0621	0.0745	0.0869	0.0994	0.1118	0.1242
280	0.0580	0.0644	0.0773	0.0902	0.1030	0.1159	0.1288
290	0.0600	0.0667	0.0800	0.0934	0.1067	0.1201	0.1334
300	0.0621	0.0690	0.0828	0.0966	0.1104	0.1242	0.1380

材长：4.8m

材宽 (mm)	材厚(mm)							
	12	15	18	21	25	30	35	40
	材积（m³）							
30	0.0017	0.0022	0.0026	0.0030	0.0036	0.0043	0.0050	0.0058
40	0.0023	0.0029	0.0035	0.0040	0.0048	0.0058	0.0067	0.0077
50	0.0029	0.0036	0.0043	0.0050	0.0060	0.0072	0.0084	0.0096
60	0.0035	0.0043	0.0052	0.0060	0.0072	0.0086	0.0101	0.0115
70	0.0040	0.0050	0.0060	0.0071	0.0084	0.0101	0.0118	0.0134
80	0.0046	0.0058	0.0069	0.0081	0.0096	0.0115	0.0134	0.0154
90	0.0052	0.0065	0.0078	0.0091	0.0108	0.0130	0.0151	0.0173
100	0.0058	0.0072	0.0086	0.0101	0.0120	0.0144	0.0168	0.0192
110	0.0063	0.0079	0.0095	0.0111	0.0132	0.0158	0.0185	0.0211
120	0.0069	0.0086	0.0104	0.0121	0.0144	0.0173	0.0202	0.0230
130	0.0075	0.0094	0.0112	0.0131	0.0156	0.0187	0.0218	0.0250
140	0.0081	0.0101	0.0121	0.0141	0.0168	0.0202	0.0235	0.0269
150	0.0086	0.0108	0.0130	0.0151	0.0180	0.0216	0.0252	0.0288
160	0.0092	0.0115	0.0138	0.0161	0.0192	0.0230	0.0269	0.0307

材长：4.8m

材宽	材厚(mm)							
(mm)	材积(m³)							
	12	15	18	21	25	30	35	40
170	0.0098	0.0122	0.0147	0.0171	0.0204	0.0245	0.0286	0.0326
180	0.0104	0.0130	0.0156	0.0181	0.0216	0.0259	0.0302	0.0346
190	0.0109	0.0137	0.0164	0.0192	0.0228	0.0274	0.0319	0.0365
200	0.0115	0.0144	0.0173	0.0202	0.0240	0.0288	0.0336	0.0384
210	0.0121	0.0151	0.0181	0.0212	0.0252	0.0302	0.0353	0.0403
220	0.0127	0.0158	0.0190	0.0222	0.0264	0.0317	0.0370	0.0422
230	0.0132	0.0166	0.0199	0.0232	0.0276	0.0331	0.0386	0.0442
240	0.0138	0.0173	0.0207	0.0242	0.0288	0.0346	0.0403	0.0461
250	0.0144	0.0180	0.0216	0.0252	0.0300	0.0360	0.0420	0.0480
260	0.0150	0.0187	0.0225	0.0262	0.0312	0.0374	0.0437	0.0499
270	0.0156	0.0194	0.0233	0.0272	0.0324	0.0389	0.0454	0.0518
280	0.0161	0.0202	0.0242	0.0282	0.0336	0.0403	0.0470	0.0538
290	0.0167	0.0209	0.0251	0.0292	0.0348	0.0418	0.0487	0.0557
300	0.0173	0.0216	0.0259	0.0302	0.0360	0.0432	0.0504	0.0576

材长:4.8m

材宽 (mm)	材厚(mm)						
	45	50	60	70	80	90	100
	材积(m³)						
30	0.0065	0.0072	0.0086	0.0101	0.0115	0.0130	0.0144
40	0.0086	0.0096	0.0115	0.0134	0.0154	0.0173	0.0192
50	0.0108	0.0120	0.0144	0.0168	0.0192	0.0216	0.0240
60	0.0130	0.0144	0.0173	0.0202	0.0230	0.0259	0.0288
70	0.0151	0.0168	0.0202	0.0235	0.0269	0.0302	0.0336
80	0.0173	0.0192	0.0230	0.0269	0.0307	0.0346	0.0384
90	0.0194	0.0216	0.0259	0.0302	0.0346	0.0389	0.0432
100	0.0216	0.0240	0.0288	0.0336	0.0384	0.0432	0.0480
110	0.0238	0.0264	0.0317	0.0370	0.0422	0.0475	0.0528
120	0.0259	0.0288	0.0346	0.0403	0.0461	0.0518	0.0576
130	0.0281	0.0312	0.0374	0.0437	0.0499	0.0562	0.0624
140	0.0302	0.0336	0.0403	0.0470	0.0538	0.0605	0.0672
150	0.0324	0.0360	0.0432	0.0504	0.0576	0.0648	0.0720
160	0.0346	0.0384	0.0461	0.0538	0.0614	0.0691	0.0768

材长：4.8m

材宽 (mm)	材厚 (mm)						
	材积 (m³)						
	45	50	60	70	80	90	100
170	0.0367	0.0408	0.0490	0.0571	0.0653	0.0734	0.0816
180	0.0389	0.0432	0.0518	0.0605	0.0691	0.0778	0.0864
190	0.0410	0.0456	0.0547	0.0638	0.0730	0.0821	0.0912
200	0.0432	0.0480	0.0576	0.0672	0.0768	0.0864	0.0960
210	0.0454	0.0504	0.0605	0.0706	0.0806	0.0907	0.1008
220	0.0475	0.0528	0.0634	0.0739	0.0845	0.0950	0.1056
230	0.0497	0.0552	0.0662	0.0773	0.0883	0.0994	0.1104
240	0.0518	0.0576	0.0691	0.0806	0.0922	0.1037	0.1152
250	0.0540	0.0600	0.0720	0.0840	0.0960	0.1080	0.1200
260	0.0562	0.0624	0.0749	0.0874	0.0998	0.1123	0.1248
270	0.0583	0.0648	0.0778	0.0907	0.1037	0.1166	0.1296
280	0.0605	0.0672	0.0806	0.0941	0.1075	0.1210	0.1344
290	0.0626	0.0696	0.0835	0.0974	0.1114	0.1253	0.1392
300	0.0648	0.0720	0.0864	0.1008	0.1152	0.1296	0.1440

材长:5.0m

材宽 (mm)	材厚 (mm)							
	12	15	18	21	25	30	35	40
	材积 (m³)							
30	0.0018	0.0023	0.0027	0.0032	0.0038	0.0045	0.0053	0.0060
40	0.0024	0.0030	0.0036	0.0042	0.0050	0.0060	0.0070	0.0080
50	0.0030	0.0038	0.0045	0.0053	0.0063	0.0075	0.0088	0.0100
60	0.0036	0.0045	0.0054	0.0063	0.0075	0.0090	0.0105	0.0120
70	0.0042	0.0053	0.0063	0.0074	0.0088	0.0105	0.0123	0.0140
80	0.0048	0.0060	0.0072	0.0084	0.0100	0.0120	0.0140	0.0160
90	0.0054	0.0068	0.0081	0.0095	0.0113	0.0135	0.0158	0.0180
100	0.0060	0.0075	0.0090	0.0105	0.0125	0.0150	0.0175	0.0200
110	0.0066	0.0083	0.0099	0.0116	0.0138	0.0165	0.0193	0.0220
120	0.0072	0.0090	0.0108	0.0126	0.0150	0.0180	0.0210	0.0240
130	0.0078	0.0098	0.0117	0.0137	0.0163	0.0195	0.0228	0.0260
140	0.0084	0.0105	0.0126	0.0147	0.0175	0.0210	0.0245	0.0280
150	0.0090	0.0113	0.0135	0.0158	0.0188	0.0225	0.0263	0.0300
160	0.0096	0.0120	0.0144	0.0168	0.0200	0.0240	0.0280	0.0320

材长:5.0m

材宽 (mm)	材厚 (mm)							
	12	15	18	21	25	30	35	40
	材积 (m³)							
170	0.0102	0.0128	0.0153	0.0179	0.0213	0.0255	0.0298	0.0340
180	0.0108	0.0135	0.0162	0.0189	0.0225	0.0270	0.0315	0.0360
190	0.0114	0.0143	0.0171	0.0200	0.0238	0.0285	0.0333	0.0380
200	0.0120	0.0150	0.0180	0.0210	0.0250	0.0300	0.0350	0.0400
210	0.0126	0.0158	0.0189	0.0221	0.0263	0.0315	0.0368	0.0420
220	0.0132	0.0165	0.0198	0.0231	0.0275	0.0330	0.0385	0.0440
230	0.0138	0.0173	0.0207	0.0242	0.0288	0.0345	0.0403	0.0460
240	0.0144	0.0180	0.0216	0.0252	0.0300	0.0360	0.0420	0.0480
250	0.0150	0.0188	0.0225	0.0263	0.0313	0.0375	0.0438	0.0500
260	0.0156	0.0195	0.0234	0.0273	0.0325	0.0390	0.0455	0.0520
270	0.0162	0.0203	0.0243	0.0284	0.0338	0.0405	0.0473	0.0540
280	0.0168	0.0210	0.0252	0.0294	0.0350	0.0420	0.0490	0.0560
290	0.0174	0.0218	0.0261	0.0305	0.0363	0.0435	0.0508	0.0580
300	0.0180	0.0225	0.0270	0.0315	0.0375	0.0450	0.0525	0.0600

材长:5.0m

材宽	材厚(mm)						
(mm)	45	50	60	70	80	90	100
	材积(m³)						
30	0.0068	0.0075	0.0090	0.0105	0.0120	0.0135	0.0150
40	0.0090	0.0100	0.0120	0.0140	0.0160	0.0180	0.0200
50	0.0113	0.0125	0.0150	0.0175	0.0200	0.0225	0.0250
60	0.0135	0.0150	0.0180	0.0210	0.0240	0.0270	0.0300
70	0.0158	0.0175	0.0210	0.0245	0.0280	0.0315	0.0350
80	0.0180	0.0200	0.0240	0.0280	0.0320	0.0360	0.0400
90	0.0203	0.0225	0.0270	0.0315	0.0360	0.0405	0.0450
100	0.0225	0.0250	0.0300	0.0350	0.0400	0.0450	0.0500
110	0.0248	0.0275	0.0330	0.0385	0.0440	0.0495	0.0550
120	0.0270	0.0300	0.0360	0.0420	0.0480	0.0540	0.0600
130	0.0293	0.0325	0.0390	0.0455	0.0520	0.0585	0.0650
140	0.0315	0.0350	0.0420	0.0490	0.0560	0.0630	0.0700
150	0.0338	0.0375	0.0450	0.0525	0.0600	0.0675	0.0750
160	0.0360	0.0400	0.0480	0.0560	0.0640	0.0720	0.0800

续表

材长:5.0m

材宽 (mm)	材厚(mm)						
	45	50	60	70	80	90	100
	材积(m³)						
170	0.0383	0.0425	0.0510	0.0595	0.0680	0.0765	0.0850
180	0.0405	0.0450	0.0540	0.0630	0.0720	0.0810	0.0900
190	0.0428	0.0475	0.0570	0.0665	0.0760	0.0855	0.0950
200	0.0450	0.0500	0.0600	0.0700	0.0800	0.0900	0.1000
210	0.0473	0.0525	0.0630	0.0735	0.0840	0.0945	0.1050
220	0.0495	0.0550	0.0660	0.0770	0.0880	0.0990	0.1100
230	0.0518	0.0575	0.0690	0.0805	0.0920	0.1035	0.1150
240	0.0540	0.0600	0.0720	0.0840	0.0960	0.1080	0.1200
250	0.0563	0.0625	0.0750	0.0875	0.1000	0.1125	0.1250
260	0.0585	0.0650	0.0780	0.0910	0.1040	0.1170	0.1300
270	0.0608	0.0675	0.0810	0.0945	0.1080	0.1215	0.1350
280	0.0630	0.0700	0.0840	0.0980	0.1120	0.1260	0.1400
290	0.0653	0.0725	0.0870	0.1015	0.1160	0.1305	0.1450
300	0.0675	0.0750	0.0900	0.1050	0.1200	0.1350	0.1500

材长:5.2m

材宽(mm)	材厚(mm)							
	12	15	18	21	25	30	35	40
	材积(m³)							
30	0.0019	0.0023	0.0028	0.0033	0.0039	0.0047	0.0055	0.0062
40	0.0025	0.0031	0.0037	0.0044	0.0052	0.0062	0.0073	0.0083
50	0.0031	0.0039	0.0047	0.0055	0.0065	0.0078	0.0091	0.0104
60	0.0037	0.0047	0.0056	0.0066	0.0078	0.0094	0.0109	0.0125
70	0.0044	0.0055	0.0066	0.0076	0.0091	0.0109	0.0127	0.0146
80	0.0050	0.0062	0.0075	0.0087	0.0104	0.0125	0.0146	0.0166
90	0.0056	0.0070	0.0084	0.0098	0.0117	0.0140	0.0164	0.0187
100	0.0062	0.0078	0.0094	0.0109	0.0130	0.0156	0.0182	0.0208
110	0.0069	0.0086	0.0103	0.0120	0.0143	0.0172	0.0200	0.0229
120	0.0075	0.0094	0.0112	0.0131	0.0156	0.0187	0.0218	0.0250
130	0.0081	0.0101	0.0122	0.0142	0.0169	0.0203	0.0237	0.0270
140	0.0087	0.0109	0.0131	0.0153	0.0182	0.0218	0.0255	0.0291
150	0.0094	0.0117	0.0140	0.0164	0.0195	0.0234	0.0273	0.0312
160	0.0100	0.0125	0.0150	0.0175	0.0208	0.0250	0.0291	0.0333

材长:5.2m

材宽 (mm)	材厚 (mm)							
	材积(m³)							
	12	15	18	21	25	30	35	40
170	0.0106	0.0133	0.0159	0.0186	0.0221	0.0265	0.0309	0.0354
180	0.0112	0.0140	0.0168	0.0197	0.0234	0.0281	0.0328	0.0374
190	0.0119	0.0148	0.0178	0.0207	0.0247	0.0296	0.0346	0.0395
200	0.0125	0.0156	0.0187	0.0218	0.0260	0.0312	0.0364	0.0416
210	0.0131	0.0164	0.0197	0.0229	0.0273	0.0328	0.0382	0.0437
220	0.0137	0.0172	0.0206	0.0240	0.0286	0.0343	0.0400	0.0458
230	0.0144	0.0179	0.0215	0.0251	0.0299	0.0359	0.0419	0.0478
240	0.0150	0.0187	0.0225	0.0262	0.0312	0.0374	0.0437	0.0499
250	0.0156	0.0195	0.0234	0.0273	0.0325	0.0390	0.0455	0.0520
260	0.0162	0.0203	0.0243	0.0284	0.0338	0.0406	0.0473	0.0541
270	0.0168	0.0211	0.0253	0.0295	0.0351	0.0421	0.0491	0.0562
280	0.0175	0.0218	0.0262	0.0306	0.0364	0.0437	0.0510	0.0582
290	0.0181	0.0226	0.0271	0.0317	0.0377	0.0452	0.0528	0.0603
300	0.0187	0.0234	0.0281	0.0328	0.0390	0.0468	0.0546	0.0624

材长:5.2m

材宽 (mm)	材厚 (mm)						
	45	50	60	70	80	90	100
	材积(m³)						
30	0.0070	0.0078	0.0094	0.0109	0.0125	0.0140	0.0156
40	0.0094	0.0104	0.0125	0.0146	0.0166	0.0187	0.0208
50	0.0117	0.0130	0.0156	0.0182	0.0208	0.0234	0.0260
60	0.0140	0.0156	0.0187	0.0218	0.0250	0.0281	0.0312
70	0.0164	0.0182	0.0218	0.0255	0.0291	0.0328	0.0364
80	0.0187	0.0208	0.0250	0.0291	0.0333	0.0374	0.0416
90	0.0211	0.0234	0.0281	0.0328	0.0374	0.0421	0.0468
100	0.0234	0.0260	0.0312	0.0364	0.0416	0.0468	0.0520
110	0.0257	0.0286	0.0343	0.0400	0.0458	0.0515	0.0572
120	0.0281	0.0312	0.0374	0.0437	0.0499	0.0562	0.0624
130	0.0304	0.0338	0.0406	0.0473	0.0541	0.0608	0.0676
140	0.0328	0.0364	0.0437	0.0510	0.0582	0.0655	0.0728
150	0.0351	0.0390	0.0468	0.0546	0.0624	0.0702	0.0780
160	0.0374	0.0416	0.0499	0.0582	0.0666	0.0749	0.0832

材长：5.2m

材宽 (mm)	材厚（mm） 材积（m³）						
	45	50	60	70	80	90	100
170	0.0398	0.0442	0.0530	0.0619	0.0707	0.0796	0.0884
180	0.0421	0.0468	0.0562	0.0655	0.0749	0.0842	0.0936
190	0.0445	0.0494	0.0593	0.0692	0.0790	0.0889	0.0988
200	0.0468	0.0520	0.0624	0.0728	0.0832	0.0936	0.1040
210	0.0491	0.0546	0.0655	0.0764	0.0874	0.0983	0.1092
220	0.0515	0.0572	0.0686	0.0801	0.0915	0.1030	0.1144
230	0.0538	0.0598	0.0718	0.0837	0.0957	0.1076	0.1196
240	0.0562	0.0624	0.0749	0.0874	0.0998	0.1123	0.1248
250	0.0585	0.0650	0.0780	0.0910	0.1040	0.1170	0.1300
260	0.0608	0.0676	0.0811	0.0946	0.1082	0.1217	0.1352
270	0.0632	0.0702	0.0842	0.0983	0.1123	0.1264	0.1404
280	0.0655	0.0728	0.0874	0.1019	0.1165	0.1310	0.1456
290	0.0679	0.0754	0.0905	0.1056	0.1206	0.1357	0.1508
300	0.0702	0.0780	0.0936	0.1092	0.1248	0.1404	0.1560

材长:5.4m

材宽 (mm)	材厚 (mm)							
	12	15	18	21	25	30	35	40
	材积 (m³)							
30	0.0019	0.0024	0.0029	0.0034	0.0041	0.0049	0.0057	0.0065
40	0.0026	0.0032	0.0039	0.0045	0.0054	0.0065	0.0076	0.0086
50	0.0032	0.0041	0.0049	0.0057	0.0068	0.0081	0.0095	0.0108
60	0.0039	0.0049	0.0058	0.0068	0.0081	0.0097	0.0113	0.0130
70	0.0045	0.0057	0.0068	0.0079	0.0095	0.0113	0.0132	0.0151
80	0.0052	0.0065	0.0078	0.0091	0.0108	0.0130	0.0151	0.0173
90	0.0058	0.0073	0.0087	0.0102	0.0122	0.0146	0.0170	0.0194
100	0.0065	0.0081	0.0097	0.0113	0.0135	0.0162	0.0189	0.0216
110	0.0071	0.0089	0.0107	0.0125	0.0149	0.0178	0.0208	0.0238
120	0.0078	0.0097	0.0117	0.0136	0.0162	0.0194	0.0227	0.0259
130	0.0084	0.0105	0.0126	0.0147	0.0176	0.0211	0.0246	0.0281
140	0.0091	0.0113	0.0136	0.0159	0.0189	0.0227	0.0265	0.0302
150	0.0097	0.0122	0.0146	0.0170	0.0203	0.0243	0.0284	0.0324
160	0.0104	0.0130	0.0156	0.0181	0.0216	0.0259	0.0302	0.0346

材长:5.4m

材宽 (mm)	材厚(mm) 材积(m³)							
	12	15	18	21	25	30	35	40
170	0.0110	0.0138	0.0165	0.0193	0.0230	0.0275	0.0321	0.0367
180	0.0117	0.0146	0.0175	0.0204	0.0243	0.0292	0.0340	0.0389
190	0.0123	0.0154	0.0185	0.0215	0.0257	0.0308	0.0359	0.0410
200	0.0130	0.0162	0.0194	0.0227	0.0270	0.0324	0.0378	0.0432
210	0.0136	0.0170	0.0204	0.0238	0.0284	0.0340	0.0397	0.0454
220	0.0143	0.0178	0.0214	0.0249	0.0297	0.0356	0.0416	0.0475
230	0.0149	0.0186	0.0224	0.0261	0.0311	0.0373	0.0435	0.0497
240	0.0156	0.0194	0.0233	0.0272	0.0324	0.0389	0.0454	0.0518
250	0.0162	0.0203	0.0243	0.0284	0.0338	0.0405	0.0473	0.0540
260	0.0168	0.0211	0.0253	0.0295	0.0351	0.0421	0.0491	0.0562
270	0.0175	0.0219	0.0262	0.0306	0.0365	0.0437	0.0510	0.0583
280	0.0181	0.0227	0.0272	0.0318	0.0378	0.0454	0.0529	0.0605
290	0.0188	0.0235	0.0282	0.0329	0.0392	0.0470	0.0548	0.0626
300	0.0194	0.0243	0.0292	0.0340	0.0405	0.0486	0.0567	0.0648

材长：5.4m

材宽	材厚 (mm)						
(mm)	材积 (m³)						
	45	50	60	70	80	90	100
30	0.0073	0.0081	0.0097	0.0113	0.0130	0.0146	0.0162
40	0.0097	0.0108	0.0130	0.0151	0.0173	0.0194	0.0216
50	0.0122	0.0135	0.0162	0.0189	0.0216	0.0243	0.0270
60	0.0146	0.0162	0.0194	0.0227	0.0259	0.0292	0.0324
70	0.0170	0.0189	0.0227	0.0265	0.0302	0.0340	0.0378
80	0.0194	0.0216	0.0259	0.0302	0.0346	0.0389	0.0432
90	0.0219	0.0243	0.0292	0.0340	0.0389	0.0437	0.0486
100	0.0243	0.0270	0.0324	0.0378	0.0432	0.0486	0.0540
110	0.0267	0.0297	0.0356	0.0416	0.0475	0.0535	0.0594
120	0.0292	0.0324	0.0389	0.0454	0.0518	0.0583	0.0648
130	0.0316	0.0351	0.0421	0.0491	0.0562	0.0632	0.0702
140	0.0340	0.0378	0.0454	0.0529	0.0605	0.0680	0.0756
150	0.0365	0.0405	0.0486	0.0567	0.0648	0.0729	0.0810
160	0.0389	0.0432	0.0518	0.0605	0.0691	0.0778	0.0864

材长:5.4m

材宽 (mm)	材厚(mm)						
	45	50	60	70	80	90	100
	材积(m³)						
170	0.0413	0.0459	0.0551	0.0643	0.0734	0.0826	0.0918
180	0.0437	0.0486	0.0583	0.0680	0.0778	0.0875	0.0972
190	0.0462	0.0513	0.0616	0.0718	0.0821	0.0923	0.1026
200	0.0486	0.0540	0.0648	0.0756	0.0864	0.0972	0.1080
210	0.0510	0.0567	0.0680	0.0794	0.0907	0.1021	0.1134
220	0.0535	0.0594	0.0713	0.0832	0.0950	0.1069	0.1188
230	0.0559	0.0621	0.0745	0.0869	0.0994	0.1118	0.1242
240	0.0583	0.0648	0.0778	0.0907	0.1037	0.1166	0.1296
250	0.0608	0.0675	0.0810	0.0945	0.1080	0.1215	0.1350
260	0.0632	0.0702	0.0842	0.0983	0.1123	0.1264	0.1404
270	0.0656	0.0729	0.0875	0.1021	0.1166	0.1312	0.1458
280	0.0680	0.0756	0.0907	0.1058	0.1210	0.1361	0.1512
290	0.0705	0.0783	0.0940	0.1096	0.1253	0.1409	0.1566
300	0.0729	0.0810	0.0972	0.1134	0.1296	0.1458	0.1620

材长：5.6m

材宽 (mm)	材厚 (mm)							
	12	15	18	21	25	30	35	40
	材积 (m³)							
30	0.0020	0.0025	0.0030	0.0035	0.0042	0.0050	0.0059	0.0067
40	0.0027	0.0034	0.0040	0.0047	0.0056	0.0067	0.0078	0.0090
50	0.0034	0.0042	0.0050	0.0059	0.0070	0.0084	0.0098	0.0112
60	0.0040	0.0050	0.0060	0.0071	0.0084	0.0101	0.0118	0.0134
70	0.0047	0.0059	0.0071	0.0082	0.0098	0.0118	0.0137	0.0157
80	0.0054	0.0067	0.0081	0.0094	0.0112	0.0134	0.0157	0.0179
90	0.0060	0.0076	0.0091	0.0106	0.0126	0.0151	0.0176	0.0202
100	0.0067	0.0084	0.0101	0.0118	0.0140	0.0168	0.0196	0.0224
110	0.0074	0.0092	0.0111	0.0129	0.0154	0.0185	0.0216	0.0246
120	0.0081	0.0101	0.0121	0.0141	0.0168	0.0202	0.0235	0.0269
130	0.0087	0.0109	0.0131	0.0153	0.0182	0.0218	0.0255	0.0291
140	0.0094	0.0118	0.0141	0.0165	0.0196	0.0235	0.0274	0.0314
150	0.0101	0.0126	0.0151	0.0176	0.0210	0.0252	0.0294	0.0336
160	0.0108	0.0134	0.0161	0.0188	0.0224	0.0269	0.0314	0.0358

材长：5.6m

材宽 (mm)	材厚(mm)							
	材积(m³)							
	12	15	18	21	25	30	35	40
170	0.0114	0.0143	0.0171	0.0200	0.0238	0.0286	0.0333	0.0381
180	0.0121	0.0151	0.0181	0.0212	0.0252	0.0302	0.0353	0.0403
190	0.0128	0.0160	0.0192	0.0223	0.0266	0.0319	0.0372	0.0426
200	0.0134	0.0168	0.0202	0.0235	0.0280	0.0336	0.0392	0.0448
210	0.0141	0.0176	0.0212	0.0247	0.0294	0.0353	0.0412	0.0470
220	0.0148	0.0185	0.0222	0.0259	0.0308	0.0370	0.0431	0.0493
230	0.0155	0.0193	0.0232	0.0270	0.0322	0.0386	0.0451	0.0515
240	0.0161	0.0202	0.0242	0.0282	0.0336	0.0403	0.0470	0.0538
250	0.0168	0.0210	0.0252	0.0294	0.0350	0.0420	0.0490	0.0560
260	0.0175	0.0218	0.0262	0.0306	0.0364	0.0437	0.0510	0.0582
270	0.0181	0.0227	0.0272	0.0318	0.0378	0.0454	0.0529	0.0605
280	0.0188	0.0235	0.0282	0.0329	0.0392	0.0470	0.0549	0.0627
290	0.0195	0.0244	0.0292	0.0341	0.0406	0.0487	0.0568	0.0650
300	0.0202	0.0252	0.0302	0.0353	0.0420	0.0504	0.0588	0.0672

续表

材长:5.6m

材宽 (mm)	材厚(mm) 材积(m³)						
	45	50	60	70	80	90	100
30	0.0076	0.0084	0.0101	0.0118	0.0134	0.0151	0.0168
40	0.0101	0.0112	0.0134	0.0157	0.0179	0.0202	0.0224
50	0.0126	0.0140	0.0168	0.0196	0.0224	0.0252	0.0280
60	0.0151	0.0168	0.0202	0.0235	0.0269	0.0302	0.0336
70	0.0176	0.0196	0.0235	0.0274	0.0314	0.0353	0.0392
80	0.0202	0.0224	0.0269	0.0314	0.0358	0.0403	0.0448
90	0.0227	0.0252	0.0302	0.0353	0.0403	0.0454	0.0504
100	0.0252	0.0280	0.0336	0.0392	0.0448	0.0504	0.0560
110	0.0277	0.0308	0.0370	0.0431	0.0493	0.0554	0.0616
120	0.0302	0.0336	0.0403	0.0470	0.0538	0.0605	0.0672
130	0.0328	0.0364	0.0437	0.0510	0.0582	0.0655	0.0728
140	0.0353	0.0392	0.0470	0.0549	0.0627	0.0706	0.0784
150	0.0378	0.0420	0.0504	0.0588	0.0672	0.0756	0.0840
160	0.0403	0.0448	0.0538	0.0627	0.0717	0.0806	0.0896

续表

材长：5.6m

材宽(mm)	材厚(mm) 材积(m³)						
	45	50	60	70	80	90	100
170	0.0428	0.0476	0.0571	0.0666	0.0762	0.0857	0.0952
180	0.0454	0.0504	0.0605	0.0706	0.0806	0.0907	0.1008
190	0.0479	0.0532	0.0638	0.0745	0.0851	0.0958	0.1064
200	0.0504	0.0560	0.0672	0.0784	0.0896	0.1008	0.1120
210	0.0529	0.0588	0.0706	0.0823	0.0941	0.1058	0.1176
220	0.0554	0.0616	0.0739	0.0862	0.0986	0.1109	0.1232
230	0.0580	0.0644	0.0773	0.0902	0.1030	0.1159	0.1288
240	0.0605	0.0672	0.0806	0.0941	0.1075	0.1210	0.1344
250	0.0630	0.0700	0.0840	0.0980	0.1120	0.1260	0.1400
260	0.0655	0.0728	0.0874	0.1019	0.1165	0.1310	0.1456
270	0.0680	0.0756	0.0907	0.1058	0.1210	0.1361	0.1512
280	0.0706	0.0784	0.0941	0.1098	0.1254	0.1411	0.1568
290	0.0731	0.0812	0.0974	0.1137	0.1299	0.1462	0.1624
300	0.0756	0.0840	0.1008	0.1176	0.1344	0.1512	0.1680

续表

材长：5.8m

材宽 (mm)	材厚(mm)							
	12	15	18	21	25	30	35	40
	材积(m³)							
30	0.0021	0.0026	0.0031	0.0037	0.0044	0.0052	0.0061	0.0070
40	0.0028	0.0035	0.0042	0.0049	0.0058	0.0070	0.0081	0.0093
50	0.0035	0.0044	0.0052	0.0061	0.0073	0.0087	0.0102	0.0116
60	0.0042	0.0052	0.0063	0.0073	0.0087	0.0104	0.0122	0.0139
70	0.0049	0.0061	0.0073	0.0085	0.0102	0.0122	0.0142	0.0162
80	0.0056	0.0070	0.0084	0.0097	0.0116	0.0139	0.0162	0.0186
90	0.0063	0.0078	0.0094	0.0110	0.0131	0.0157	0.0183	0.0209
100	0.0070	0.0087	0.0104	0.0122	0.0145	0.0174	0.0203	0.0232
110	0.0077	0.0096	0.0115	0.0134	0.0160	0.0191	0.0223	0.0255
120	0.0084	0.0104	0.0125	0.0146	0.0174	0.0209	0.0244	0.0278
130	0.0090	0.0113	0.0136	0.0158	0.0189	0.0226	0.0264	0.0302
140	0.0097	0.0122	0.0146	0.0171	0.0203	0.0244	0.0284	0.0325
150	0.0104	0.0131	0.0157	0.0183	0.0218	0.0261	0.0305	0.0348
160	0.0111	0.0139	0.0167	0.0195	0.0232	0.0278	0.0325	0.0371

材长：5.8m

材宽 (mm)	材厚 (mm)							
	12	15	18	21	25	30	35	40
	材积 (m³)							
170	0.0118	0.0148	0.0177	0.0207	0.0247	0.0296	0.0345	0.0394
180	0.0125	0.0157	0.0188	0.0219	0.0261	0.0313	0.0365	0.0418
190	0.0132	0.0165	0.0198	0.0231	0.0276	0.0331	0.0386	0.0441
200	0.0139	0.0174	0.0209	0.0244	0.0290	0.0348	0.0406	0.0464
210	0.0146	0.0183	0.0219	0.0256	0.0305	0.0365	0.0426	0.0487
220	0.0153	0.0191	0.0230	0.0268	0.0319	0.0383	0.0447	0.0510
230	0.0160	0.0200	0.0240	0.0280	0.0334	0.0400	0.0467	0.0534
240	0.0167	0.0209	0.0251	0.0292	0.0348	0.0418	0.0487	0.0557
250	0.0174	0.0218	0.0261	0.0305	0.0363	0.0435	0.0508	0.0580
260	0.0181	0.0226	0.0271	0.0317	0.0377	0.0452	0.0528	0.0603
270	0.0188	0.0235	0.0282	0.0329	0.0392	0.0470	0.0548	0.0626
280	0.0195	0.0244	0.0292	0.0341	0.0406	0.0487	0.0568	0.0650
290	0.0202	0.0252	0.0303	0.0353	0.0421	0.0505	0.0589	0.0673
300	0.0209	0.0261	0.0313	0.0365	0.0435	0.0522	0.0609	0.0696

材长：5.8m

材宽(mm)	材厚 (mm)						
	45	50	60	70	80	90	100
	材积 (m³)						
30	0.0078	0.0087	0.0104	0.0122	0.0139	0.0157	0.0174
40	0.0104	0.0116	0.0139	0.0162	0.0186	0.0209	0.0232
50	0.0131	0.0145	0.0174	0.0203	0.0232	0.0261	0.0290
60	0.0157	0.0174	0.0209	0.0244	0.0278	0.0313	0.0348
70	0.0183	0.0203	0.0244	0.0284	0.0325	0.0365	0.0406
80	0.0209	0.0232	0.0278	0.0325	0.0371	0.0418	0.0464
90	0.0235	0.0261	0.0313	0.0365	0.0418	0.0470	0.0522
100	0.0261	0.0290	0.0348	0.0406	0.0464	0.0522	0.0580
110	0.0287	0.0319	0.0383	0.0447	0.0510	0.0574	0.0638
120	0.0313	0.0348	0.0418	0.0487	0.0557	0.0626	0.0696
130	0.0339	0.0377	0.0452	0.0528	0.0603	0.0679	0.0754
140	0.0365	0.0406	0.0487	0.0568	0.0650	0.0731	0.0812
150	0.0392	0.0435	0.0522	0.0609	0.0696	0.0783	0.0870
160	0.0418	0.0464	0.0557	0.0650	0.0742	0.0835	0.0928

材长：5.8m

材宽 (mm)	材厚 (mm)							
	45	50	60	70	80	90	100
	材积 (m³)							
170	0.0444	0.0493	0.0592	0.0690	0.0789	0.0887	0.0986
180	0.0470	0.0522	0.0626	0.0731	0.0835	0.0940	0.1044
190	0.0496	0.0551	0.0661	0.0771	0.0882	0.0992	0.1102
200	0.0522	0.0580	0.0696	0.0812	0.0928	0.1044	0.1160
210	0.0548	0.0609	0.0731	0.0853	0.0974	0.1096	0.1218
220	0.0574	0.0638	0.0766	0.0893	0.1021	0.1148	0.1276
230	0.0600	0.0667	0.0800	0.0934	0.1067	0.1201	0.1334
240	0.0626	0.0696	0.0835	0.0974	0.1114	0.1253	0.1392
250	0.0653	0.0725	0.0870	0.1015	0.1160	0.1305	0.1450
260	0.0679	0.0754	0.0905	0.1056	0.1206	0.1357	0.1508
270	0.0705	0.0783	0.0940	0.1096	0.1253	0.1409	0.1566
280	0.0731	0.0812	0.0974	0.1137	0.1299	0.1462	0.1624
290	0.0757	0.0841	0.1009	0.1177	0.1346	0.1514	0.1682
300	0.0783	0.0870	0.1044	0.1218	0.1392	0.1566	0.1740

材长:6.0m

材宽 (mm)	材厚(mm)							
	12	15	18	21	25	30	35	40
	材积(m³)							
30	0.0022	0.0027	0.0032	0.0038	0.0045	0.0054	0.0063	0.0072
40	0.0029	0.0036	0.0043	0.0050	0.0060	0.0072	0.0084	0.0096
50	0.0036	0.0045	0.0054	0.0063	0.0075	0.0090	0.0105	0.0120
60	0.0043	0.0054	0.0065	0.0076	0.0090	0.0108	0.0126	0.0144
70	0.0050	0.0063	0.0076	0.0088	0.0105	0.0126	0.0147	0.0168
80	0.0058	0.0072	0.0086	0.0101	0.0120	0.0144	0.0168	0.0192
90	0.0065	0.0081	0.0097	0.0113	0.0135	0.0162	0.0189	0.0216
100	0.0072	0.0090	0.0108	0.0126	0.0150	0.0180	0.0210	0.0240
110	0.0079	0.0099	0.0119	0.0139	0.0165	0.0198	0.0231	0.0264
120	0.0086	0.0108	0.0130	0.0151	0.0180	0.0216	0.0252	0.0288
130	0.0094	0.0117	0.0140	0.0164	0.0195	0.0234	0.0273	0.0312
140	0.0101	0.0126	0.0151	0.0176	0.0210	0.0252	0.0294	0.0336
150	0.0108	0.0135	0.0162	0.0189	0.0225	0.0270	0.0315	0.0360
160	0.0115	0.0144	0.0173	0.0202	0.0240	0.0288	0.0336	0.0384

材长:6.0m

材宽 (mm)	材厚(mm)							
	12	15	18	21	25	30	35	40
	材积(m³)							
170	0.0122	0.0153	0.0184	0.0214	0.0255	0.0306	0.0357	0.0408
180	0.0130	0.0162	0.0194	0.0227	0.0270	0.0324	0.0378	0.0432
190	0.0137	0.0171	0.0205	0.0239	0.0285	0.0342	0.0399	0.0456
200	0.0144	0.0180	0.0216	0.0252	0.0300	0.0360	0.0420	0.0480
210	0.0151	0.0189	0.0227	0.0265	0.0315	0.0378	0.0441	0.0504
220	0.0158	0.0198	0.0238	0.0277	0.0330	0.0396	0.0462	0.0528
230	0.0166	0.0207	0.0248	0.0290	0.0345	0.0414	0.0483	0.0552
240	0.0173	0.0216	0.0259	0.0302	0.0360	0.0432	0.0504	0.0576
250	0.0180	0.0225	0.0270	0.0315	0.0375	0.0450	0.0525	0.0600
260	0.0187	0.0234	0.0281	0.0328	0.0390	0.0468	0.0546	0.0624
270	0.0194	0.0243	0.0292	0.0340	0.0405	0.0486	0.0567	0.0648
280	0.0202	0.0252	0.0302	0.0353	0.0420	0.0504	0.0588	0.0672
290	0.0209	0.0261	0.0313	0.0365	0.0435	0.0522	0.0609	0.0696
300	0.0216	0.0270	0.0324	0.0378	0.0450	0.0540	0.0630	0.0720

材长：6.0m

材宽 (mm)	材厚 (mm)							
	45	50	60	70	80	90	100
	材积 (m³)							
30	0.0081	0.0090	0.0108	0.0126	0.0144	0.0162	0.0180
40	0.0108	0.0120	0.0144	0.0168	0.0192	0.0216	0.0240
50	0.0135	0.0150	0.0180	0.0210	0.0240	0.0270	0.0300
60	0.0162	0.0180	0.0216	0.0252	0.0288	0.0324	0.0360
70	0.0189	0.0210	0.0252	0.0294	0.0336	0.0378	0.0420
80	0.0216	0.0240	0.0288	0.0336	0.0384	0.0432	0.0480
90	0.0243	0.0270	0.0324	0.0378	0.0432	0.0486	0.0540
100	0.0270	0.0300	0.0360	0.0420	0.0480	0.0540	0.0600
110	0.0297	0.0330	0.0396	0.0462	0.0528	0.0594	0.0660
120	0.0324	0.0360	0.0432	0.0504	0.0576	0.0648	0.0720
130	0.0351	0.0390	0.0468	0.0546	0.0624	0.0702	0.0780
140	0.0378	0.0420	0.0504	0.0588	0.0672	0.0756	0.0840
150	0.0405	0.0450	0.0540	0.0630	0.0720	0.0810	0.0900
160	0.0432	0.0480	0.0576	0.0672	0.0768	0.0864	0.0960

材长:6.0m

材宽 (mm)	材厚 (mm)						
	材积 (m³)						
	45	50	60	70	80	90	100
170	0.0459	0.0510	0.0612	0.0714	0.0816	0.0918	0.1020
180	0.0486	0.0540	0.0648	0.0756	0.0864	0.0972	0.1080
190	0.0513	0.0570	0.0684	0.0798	0.0912	0.1026	0.1140
200	0.0540	0.0600	0.0720	0.0840	0.0960	0.1080	0.1200
210	0.0567	0.0630	0.0756	0.0882	0.1008	0.1134	0.1260
220	0.0594	0.0660	0.0792	0.0924	0.1056	0.1188	0.1320
230	0.0621	0.0690	0.0828	0.0966	0.1104	0.1242	0.1380
240	0.0648	0.0720	0.0864	0.1008	0.1152	0.1296	0.1440
250	0.0675	0.0750	0.0900	0.1050	0.1200	0.1350	0.1500
260	0.0702	0.0780	0.0936	0.1092	0.1248	0.1404	0.1560
270	0.0729	0.0810	0.0972	0.1134	0.1296	0.1458	0.1620
280	0.0756	0.0840	0.1008	0.1176	0.1344	0.1512	0.1680
290	0.0783	0.0870	0.1044	0.1218	0.1392	0.1566	0.1740
300	0.0810	0.0900	0.1080	0.1260	0.1440	0.1620	0.1800

四、专用锯材材积表

专用锯材材积表适用于枕木、铁路货车锯材、载重汽车锯材、罐道木、机台木锯材的材积查定材积表中枕木、铁路货车锯材、载重汽车锯材均保留四位小数，罐道木、机台木锯材的材积保留三位小数。

1. 枕木锯材材积表

根据《锯材材积表》GB/T 449—2009 中4.2.4，按《枕木》GB 154 对铁路标准轨（轨距1435mm）普通枕木、道岔枕木和桥梁枕木的尺寸规格规定，制定的枕木锯材材积表，见表9。

2. 铁路货车锯材材积表

根据《锯材材积表》GB/T 449—2009 中4.2.5，按《铁路货车锯材》LY/T 1295 对铁路货车车厢维修用的锯材的尺寸规定，制定的铁路货车锯材材积表，见表10。

3. 载重汽车锯材材积表

根据《锯材材积表》GB/T 449—2009 中4.2.6，按《载重汽车锯材》LY/T 1296 对载重汽车车厢所用梁材、板材和栏板条的尺寸规定，制定的载重汽车锯材材积表，见表11。

枕木锯材材积表　　表 9

宽×厚(mm×mm)	材长(m) 2.5	2.6	2.8	3.0	3.2	3.4	3.6	3.8	4.0	4.2	4.4	4.6	4.8
	材积(m³)												
200×145	0.0725	—	—	—	—	—	—	—	—	—	—	—	—
200×220	—	—	—	0.1320	—	—	—	—	—	0.1848	—	—	0.2112
200×240	—	—	—	0.1440	—	—	—	—	—	0.2016	—	—	0.2304
220×160	0.0880	—	—	—	—	—	—	—	—	—	—	—	—
220×260	—	—	—	0.1716	—	—	—	—	—	0.2402	—	—	0.2746
220×280	—	—	—	—	0.1971	—	—	—	—	0.2587	—	—	0.2957
240×160	—	0.0998	0.1075	0.1152	0.1229	0.1306	0.1382	0.1459	0.1536	0.1613	0.1690	0.1766	0.1843
240×300	—	—	—	—	0.2304	0.2448	—	—	—	0.3024	—	—	0.3456

铁路货车锯材材积表　表 10

材宽(mm)	材长(m)					
	3.0	5.0	6.0	2.5	5.0	6.0
	材厚(mm)					
	52.0			57.0		
	材积(m³)					
120	0.0187	0.0312	0.0374	0.0171	0.0342	0.0410
130	0.0203	0.0338	0.0406	0.0185	0.0371	0.0445
140	0.0218	0.0364	0.0437	0.0200	0.0399	0.0479
150	0.0234	0.0390	0.0468	0.0214	0.0428	0.0513
160	0.0250	0.0416	0.0499	0.0228	0.0456	0.0547
170	0.0265	0.0442	0.0530	0.0242	0.0485	0.0581
180	0.0281	0.0468	0.0562	0.0257	0.0513	0.0616

材宽(mm)	材长(m)					
	3.0	5.0	6.0	2.5	5.0	6.0
	材厚(mm)					
	52.0			57.0		
	材积(m³)					
190	0.0296	0.0494	0.0593	0.0271	0.0542	0.0650
200	0.0312	0.0520	0.0624	0.0285	0.0570	0.0684
210	0.0328	0.0546	0.0655	0.0299	0.0599	0.0718
220	0.0343	0.0572	0.0686	0.0314	0.0627	0.0752
230	0.0359	0.0598	0.0718	0.0328	0.0656	0.0787
240	0.0374	0.0624	0.0749	0.0342	0.0684	0.0821
250	0.0390	0.0650	0.0780	0.0356	0.0713	0.0855
260	0.0406	0.0676	0.0811	0.0371	0.0741	0.0889
270	0.0421	0.0702	0.0842	0.0385	0.0770	0.0923
280	0.0437	0.0728	0.0874	0.0399	0.0798	0.0958
290	0.0452	0.0754	0.0905	0.0413	0.0827	0.0992
300	0.0468	0.0780	0.0936	0.0428	0.0855	0.1026

载重汽车锯材材积表　　　　表 11

2.5

材长（m）材宽（mm）	材厚（mm）							
	30	35	40	45	50	60	70	80
	材积（m³）							
80	0.0060	0.0070	0.0080	0.0090	0.0100	0.0120	0.0140	0.0160
90	0.0068	0.0079	0.0090	0.0101	0.0113	0.0135	0.0158	0.0180
120	0.0090	0.0105	0.0120	0.0135	0.0150	0.0180	0.0210	0.0240
130	0.0098	0.0114	0.0130	0.0146	0.0163	0.0195	0.0228	0.0260
140	0.0105	0.0123	0.0140	0.0158	0.0175	0.0210	0.0245	0.0280
150	0.0113	0.0131	0.0150	0.0169	0.0188	0.0225	0.0263	0.0300
160	0.0120	0.0140	0.0160	0.0180	0.0200	0.0240	0.0280	0.0320
170	0.0128	0.0149	0.0170	0.0191	0.0213	0.0255	0.0298	0.0340
180	0.0135	0.0158	0.0180	0.0203	0.0225	0.0270	0.0315	0.0360
190	0.0143	0.0166	0.0190	0.0214	0.0238	0.0285	0.0333	0.0380
200	0.0150	0.0175	0.0200	0.0225	0.0250	0.0300	0.0350	0.0400
210	0.0158	0.0184	0.0210	0.0236	0.0263	0.0315	0.0368	0.0420
220	0.0165	0.0193	0.0220	0.0248	0.0275	0.0330	0.0385	0.0440

材长(m)				3.0			
				材厚(mm)			
材宽(mm)	30	35	40	45	50	60	70	80
					材积(m³)			
80	0.0072	0.0084	0.0096	0.0108	0.0120	0.0144	0.0168	0.0192
90	0.0081	0.0095	0.0108	0.0122	0.0135	0.0162	0.0189	0.0216
120	0.0108	0.0126	0.0144	0.0162	0.0180	0.0216	0.0252	0.0288
130	0.0117	0.0137	0.0156	0.0176	0.0195	0.0234	0.0273	0.0312
140	0.0126	0.0147	0.0168	0.0189	0.0210	0.0252	0.0294	0.0336
150	0.0135	0.0158	0.0180	0.0203	0.0225	0.0270	0.0315	0.0360
160	0.0144	0.0168	0.0192	0.0216	0.0240	0.0288	0.0336	0.0384
170	0.0153	0.0179	0.0204	0.0230	0.0255	0.0306	0.0357	0.0408
180	0.0162	0.0189	0.0216	0.0243	0.0270	0.0324	0.0378	0.0432
190	0.0171	0.0200	0.0228	0.0257	0.0285	0.0342	0.0399	0.0456
200	0.0180	0.0210	0.0240	0.0270	0.0300	0.0360	0.0420	0.0480
210	0.0189	0.0221	0.0252	0.0284	0.0315	0.0378	0.0441	0.0504
220	0.0198	0.0231	0.0264	0.0297	0.0330	0.0396	0.0462	0.0528

3.4

材长(m)	材厚(mm)							
材宽(mm)	30	35	40	45	50	60	70	80
	材积(m³)							
80	0.0082	0.0095	0.0109	0.0122	0.0136	0.0163	0.0190	0.0218
90	0.0092	0.0107	0.0122	0.0138	0.0153	0.0184	0.0214	0.0245
120	0.0122	0.0143	0.0163	0.0184	0.0204	0.0245	0.0286	0.0326
130	0.0133	0.0155	0.0177	0.0199	0.0221	0.0265	0.0309	0.0354
140	0.0143	0.0167	0.0190	0.0214	0.0238	0.0286	0.0333	0.0381
150	0.0153	0.0179	0.0204	0.0230	0.0255	0.0306	0.0357	0.0408
160	0.0163	0.0190	0.0218	0.0245	0.0272	0.0326	0.0381	0.0435
170	0.0173	0.0202	0.0231	0.0260	0.0289	0.0347	0.0405	0.0462
180	0.0184	0.0214	0.0245	0.0275	0.0306	0.0367	0.0428	0.0490
190	0.0194	0.0226	0.0258	0.0291	0.0323	0.0388	0.0452	0.0517
200	0.0204	0.0238	0.0272	0.0306	0.0340	0.0408	0.0476	0.0544
210	0.0214	0.0250	0.0286	0.0321	0.0357	0.0428	0.0500	0.0571
220	0.0224	0.0262	0.0299	0.0337	0.0374	0.0449	0.0524	0.0598

材长(m)				4.0			
				材厚(mm)			
材宽(mm)	30	35	40	45	50	60	70	80
				材积(m³)			
80	0.0096	0.0112	0.0128	0.0144	0.0160	0.0192	0.0224	0.0256
90	0.0108	0.0126	0.0144	0.0162	0.0180	0.0216	0.0252	0.0288
120	0.0144	0.0168	0.0192	0.0216	0.0240	0.0288	0.0336	0.0384
130	0.0156	0.0182	0.0208	0.0234	0.0260	0.0312	0.0364	0.0416
140	0.0168	0.0196	0.0224	0.0252	0.0280	0.0336	0.0392	0.0448
150	0.0180	0.0210	0.0240	0.0270	0.0300	0.0360	0.0420	0.0480
160	0.0192	0.0224	0.0256	0.0288	0.0320	0.0384	0.0448	0.0512
170	0.0204	0.0238	0.0272	0.0306	0.0340	0.0408	0.0476	0.0544
180	0.0216	0.0252	0.0288	0.0324	0.0360	0.0432	0.0504	0.0576
190	0.0228	0.0266	0.0304	0.0342	0.0380	0.0456	0.0532	0.0608
200	0.0240	0.0280	0.0320	0.0360	0.0400	0.0480	0.0560	0.0640
210	0.0252	0.0294	0.0336	0.0378	0.0420	0.0504	0.0588	0.0672
220	0.0264	0.0308	0.0352	0.0396	0.0440	0.0528	0.0616	0.0704

4.4

材长(m)

材宽(mm)	材厚(mm) 材积(m³)							
	30	35	40	45	50	60	70	80
80	0.0106	0.0123	0.0141	0.0158	0.0176	0.0211	0.0246	0.0282
90	0.0119	0.0139	0.0158	0.0178	0.0198	0.0238	0.0277	0.0317
120	0.0158	0.0185	0.0211	0.0238	0.0264	0.0317	0.0370	0.0422
130	0.0172	0.0200	0.0229	0.0257	0.0286	0.0343	0.0400	0.0458
140	0.0185	0.0216	0.0246	0.0277	0.0308	0.0370	0.0431	0.0493
150	0.0198	0.0231	0.0264	0.0297	0.0330	0.0396	0.0462	0.0528
160	0.0211	0.0246	0.0282	0.0317	0.0352	0.0422	0.0493	0.0563
170	0.0224	0.0262	0.0299	0.0337	0.0374	0.0449	0.0524	0.0598
180	0.0238	0.0277	0.0317	0.0356	0.0396	0.0475	0.0554	0.0634
190	0.0251	0.0293	0.0334	0.0376	0.0418	0.0502	0.0585	0.0669
200	0.0264	0.0308	0.0352	0.0396	0.0440	0.0528	0.0616	0.0704
210	0.0277	0.0323	0.0370	0.0416	0.0462	0.0554	0.0647	0.0739
220	0.0290	0.0339	0.0387	0.0436	0.0484	0.0581	0.0678	0.0774

材长(m)				5.0				
	材厚(mm)							
材宽(mm)	30	35	40	45	50	60	70	80
	材积(m³)							
80	0.0120	0.0140	0.0160	0.0180	0.0200	0.0240	0.0280	0.0320
90	0.0135	0.0158	0.0180	0.0203	0.0225	0.0270	0.0315	0.0360
120	0.0180	0.0210	0.0240	0.0270	0.0300	0.0360	0.0420	0.0480
130	0.0195	0.0228	0.0260	0.0293	0.0325	0.0390	0.0455	0.0520
140	0.0210	0.0245	0.0280	0.0315	0.0350	0.0420	0.0490	0.0560
150	0.0225	0.0263	0.0300	0.0338	0.0375	0.0450	0.0525	0.0600
160	0.0240	0.0280	0.0320	0.0360	0.0400	0.0480	0.0560	0.0640
170	0.0255	0.0298	0.0340	0.0383	0.0425	0.0510	0.0595	0.0680
180	0.0270	0.0315	0.0360	0.0405	0.0450	0.0540	0.0630	0.0720
190	0.0285	0.0333	0.0380	0.0428	0.0475	0.0570	0.0665	0.0760
200	0.0300	0.0350	0.0400	0.0450	0.0500	0.0600	0.0700	0.0800
210	0.0315	0.0368	0.0420	0.0473	0.0525	0.0630	0.0735	0.0840
220	0.0330	0.0385	0.0440	0.0495	0.0550	0.0660	0.0770	0.0880

材长(m) 5.4

材宽(mm)	材厚(mm)							
	材积(m³)							
	30	35	40	45	50	60	70	80
80	0.0130	0.0151	0.0173	0.0194	0.0216	0.0259	0.0302	0.0346
90	0.0146	0.0170	0.0194	0.0219	0.0243	0.0292	0.0340	0.0389
120	0.0194	0.0227	0.0259	0.0292	0.0324	0.0389	0.0454	0.0518
130	0.0211	0.0246	0.0281	0.0316	0.0351	0.0421	0.0491	0.0562
140	0.0227	0.0265	0.0302	0.0340	0.0378	0.0454	0.0529	0.0605
150	0.0243	0.0284	0.0324	0.0365	0.0405	0.0486	0.0567	0.0648
160	0.0259	0.0302	0.0346	0.0389	0.0432	0.0518	0.0605	0.0691
170	0.0275	0.0321	0.0367	0.0413	0.0459	0.0551	0.0643	0.0734
180	0.0292	0.0340	0.0389	0.0437	0.0486	0.0583	0.0680	0.0778
190	0.0308	0.0359	0.0410	0.0462	0.0513	0.0616	0.0718	0.0821
200	0.0324	0.0378	0.0432	0.0486	0.0540	0.0648	0.0756	0.0864
210	0.0340	0.0397	0.0454	0.0510	0.0567	0.0680	0.0794	0.0907
220	0.0356	0.0416	0.0475	0.0535	0.0594	0.0713	0.0832	0.0950

材长(m)	6.0							
	材厚(mm)							
材宽(mm)	30	35	40	45	50	60	70	80
	材积(m³)							
80	0.0144	0.0168	0.0192	0.0216	0.0240	0.0288	0.0336	0.0384
90	0.0162	0.0189	0.0216	0.0243	0.0270	0.0324	0.0378	0.0432
120	0.0216	0.0252	0.0288	0.0324	0.0360	0.0432	0.0504	0.0576
130	0.0234	0.0273	0.0312	0.0351	0.0390	0.0468	0.0546	0.0624
140	0.0252	0.0294	0.0336	0.0378	0.0420	0.0504	0.0588	0.0672
150	0.0270	0.0315	0.0360	0.0405	0.0450	0.0540	0.0630	0.0720
160	0.0288	0.0336	0.0384	0.0432	0.0480	0.0576	0.0672	0.0768
170	0.0306	0.0357	0.0408	0.0459	0.0510	0.0612	0.0714	0.0816
180	0.0324	0.0378	0.0432	0.0486	0.0540	0.0648	0.0756	0.0864
190	0.0342	0.0399	0.0456	0.0513	0.0570	0.0684	0.0798	0.0912
200	0.0360	0.0420	0.0480	0.0540	0.0600	0.0720	0.0840	0.0960
210	0.0378	0.0441	0.0504	0.0567	0.0630	0.0756	0.0882	0.1008
220	0.0396	0.0462	0.0528	0.0594	0.0660	0.0792	0.0924	0.1056

4. 罐道木和机台木材积表

根据《锯材材积表》GB/T 449—2009 中 4.2.7，按《罐道木》GB 4820—1995 对矿山竖井罐道木和《机台木》LY 1200—1997 对讲台木尺寸的规定，制定的罐道木机台木材积表，见表12。

罐道木和机台木材积表　　　表12

材长(m)	宽×厚(mm×mm)											
	210×210	220×220	230×230	240×240	250×250	260×260	270×270	280×280	290×290	300×300	310×310	320×320
	材积(m³)											
4.0	0.176	0.194	0.212	0.230	0.250	0.270	0.292	0.314	0.336	0.360	0.384	0.410
4.5	0.198	0.218	0.238	0.259	0.281	0.304	0.328	0.353	0.378	0.405	0.432	0.461
5.0	0.221	0.242	0.265	0.288	0.313	0.338	0.365	0.392	0.421	0.450	0.481	0.512
5.2	0.229	0.252	0.275	0.300	0.325	0.352	0.379	0.408	0.437	0.468	0.500	0.532
5.4	0.238	0.261	0.286	0.311	0.338	0.365	0.394	0.423	0.454	0.486	0.519	0.553
5.5	0.243	0.266	0.291	0.317	0.344	0.372	0.401	0.431	0.463	0.495	0.529	0.563

材长(m)	宽×厚 (mm×mm) 材积(m³)											
	210×210	220×220	230×230	240×240	250×250	260×260	270×270	280×280	290×290	300×300	310×310	320×320
5.6	0.247	0.271	0.296	0.323	0.350	0.379	0.408	0.439	0.471	0.504	0.538	0.573
5.8	0.256	0.281	0.307	0.334	0.363	0.392	0.423	0.455	0.488	0.522	0.557	0.594
6.0	0.265	0.290	0.317	0.346	0.375	0.406	0.437	0.470	0.505	0.540	0.577	0.614
6.2	0.273	0.300	0.328	0.357	0.388	0.419	0.452	0.486	0.521	0.558	0.596	0.635
6.4	0.282	0.310	0.339	0.369	0.400	0.433	0.467	0.502	0.538	0.576	0.615	0.655
6.5	0.287	0.315	0.344	0.374	0.406	0.439	0.474	0.510	0.547	0.585	0.625	0.666
6.6	0.291	0.319	0.349	0.380	0.413	0.446	0.481	0.517	0.555	0.594	0.634	0.676
6.8	0.300	0.329	0.360	0.392	0.425	0.460	0.496	0.533	0.572	0.612	0.653	0.696
7.0	0.309	0.339	0.370	0.403	0.438	0.473	0.510	0.549	0.589	0.630	0.673	0.717
7.2	0.318	0.348	0.381	0.415	0.450	0.487	0.525	0.564	0.606	0.648	0.692	0.737
7.4	0.326	0.358	0.391	0.426	0.463	0.500	0.539	0.580	0.622	0.666	0.711	0.758
7.5	0.331	0.363	0.397	0.432	0.469	0.507	0.547	0.588	0.631	0.675	0.721	0.768
7.6	0.335	0.368	0.402	0.438	0.475	0.514	0.554	0.596	0.639	0.684	0.730	0.778
7.8	0.344	0.378	0.413	0.449	0.488	0.527	0.569	0.612	0.656	0.702	0.750	0.799
8.0	0.353	0.387	0.423	0.461	0.500	0.541	0.583	0.627	0.673	0.720	0.769	0.819

材积计算中常用计量单位换算

长度换算

公制		中国市制	码	英美制	
米	厘米	尺		英尺	英寸
1	100	3	1.094	3.2808	39.37
0.01	1	0.03	0.01094	0.03281	0.3937
0.3333	33.33	1	0.3646	1.094	13.123
0.9144	91.44	2.743	1	3	36
0.3048	30.48	0.9144	0.3334	1	12
0.0254	2.54	0.0762	0.0278	0.0833	1

材积换算

公制		立方码	英美制		中国市制
立方米	立方厘米		立方英尺	立方英寸	立方尺
1	1000000	1.303	35.3147	61024	27
0.000001	1	0.000001303	0.00004	0.06102	0.000027
0.7636	764555	1	27	46656	20.643
0.02832	28317	0.037	1	1728	0.7646
0.000016	16.317	0.00002	0.00058	1	0.00044
0.037	37037	0.0484	1.308	2260	1

配套软件简介

本书配套软件主界面如下：

欢迎广大读者能提供各地区最新的材积公式，以共同完善此类同类图书，本手册针对购书者永久免费更新升级！

木材材积速查速算手册
版本：CJ2012-06a

小原条　檩条　厚木　圆木　楼材　立木

杉原条　　　　笔　材

| 普通锯材 | 减造木·机台木 | 优质锯材 | 铁路货车材料 | 载重汽车材料 | 室内管理 |

本手册分原木、檩材、杉原条、小原条、檩材、立木部分，所采用标准引用均为现现木材材积最新而仍沿用的标准，旨在为木材生产经营者和用户提供准确计量木材材积的技术资料。

由于作者水平和时间限制，现漏之处恳请同行专家友友读者不吝指正！

读力数据随书光盘运行！！！

213